——十八洞村

乡村规划与设计纪实

主编　尹怡诚　罗学农　邓世维

执行主编　奉荣梅

湖南大学出版社·长沙

内容简介

本书讲述了湖南大学设计研究院的设计师队伍，牢记习近平总书记的殷切嘱托，从热闹城市到偏僻山区，从办公桌前到田间地头，深入湘西古朴苗寨，走进十八洞村，通过"地毯式"调研，"陪伴式"规划，"驻村式"设计，"候鸟式"服务，完成了十八洞村村庄规划和村容村貌提升设计，创新性地建立了湖南首个驻村规划师制度，走出了一条"可复制、可推广"的乡村规划设计之路。

图书在版编目（CIP）数据

传承与创新：十八洞村乡村规划与设计纪实/ 尹怡诚，罗学农，邓世维主编. — 长沙：湖南大学出版社，2021.7

ISBN 978-7-5667-2130-3

Ⅰ. ①传… Ⅱ.①尹… ②罗… ③邓… Ⅲ.①乡村规划-概况-中国 Ⅳ.①TU982.29

中国版本图书馆CIP数据核字（2020）第267267号

传承与创新
——十八洞村乡村规划与设计纪实

CHUANCHENG YU CHUANGXIN——SHIBADONG CUN XIANGCUN GUIHUA YU SHEJI JISHI

主　　编：尹怡诚　罗学农　邓世维
执行主编：奉荣梅
策划编辑：卢　宇　廖　鹏
责任编辑：廖　鹏　卢　宇　罗红红
印　　装：长沙超峰印刷有限公司
开　　本：710 mm × 1000 mm　1/16　　　印　张：11.5　　字　数：138千
版　　次：2021年7月第1版　　　　　　　印　次：2021年7月第1次印刷
书　　号：ISBN 978-7-5667-2130-3
定　　价：78.00 元

出 版 人：李文邦
出版发行：湖南大学出版社
社　　址：湖南·长沙·岳麓山　　　　　邮　编：410082
电　　话：0731-88822559（营销部），88821315（编辑部），88821006（出版部）
传　　真：0731-88822264（总编室）
网　　址：http://www.hnupress.com
电子信箱：pressluy@hnu.edu.cn

编委会名单

主　任： 邓铁军　魏春雨

副主任： 郦世平　罗学农　戚家坦

委　员： 尹怡诚　罗　诚　罗　敏
　　　　　　郭　健　田长青　肖懋汧
　　　　　　丁江弘　邓世维　池　峰
　　　　　　范利萍　王亚琴　张邓丽舜
　　　　　　王文蒨

　　湖南省花垣县十八洞村地处武陵山区腹地，是一个苗族聚居的山寨。千百年来，这个村庄的祖祖辈辈都是靠山靠田靠天吃饭。

　　2013 年 11 月 3 日，习近平总书记来到这里实地考察，和乡亲们共谋脱贫致富之路，并作出了"实事求是，因地制宜，分类指导，精准扶贫"的重要论述。作为"精准扶贫"首倡地，十八洞村在驻村工作队和村"两委"的带领下，于 2016 年底摘掉了贫困村的帽子。

　　2018 年 7 月，湖南省委拟以十八洞村脱贫为范例，召开全省深入学习贯彻习近平总书记"精准扶贫"工作重要论述大会，并以乡村振兴为抓手，组织由湖南省住房和城乡建设厅牵头的"十八洞村村容村貌提升工作"，要求运用新理念、新技术、新模式，切实做好"四改四提四建一整治"工作。

　　在十八洞村村容村貌提升工作中，湖南大学设计研究院派出精干团队，用心用情，高质量完成了《花垣县十八洞村村庄规划（2018—2035）》、十八洞村标志、村容村貌改造、村级活动中心及精准扶贫展示厅、精准扶贫首倡地广场、感恩坪等设计任务，并在十八洞村建立了省内首个驻村规划师制度，得到了当地百姓和各方面的好评。

　　十八洞村村容村貌提升工作始终遵循集约、节约的原则，一开始就立了规矩、划了红线，注重保护自然生态和文化资源，切实做到四个尊重，即尊重现实、拾遗补阙，尊重地方、顺应民意，尊重自然、保护山水，尊重历史、传承文化；充分体现四个味道，即乡村味道、乡土味道、民族味道、自然味道；尽力讲好四个气，即讲"小气"不讲大气，讲土气不讲洋气，依山就势布局，着力打造小而土、小而特、小而优的风格。

十八洞村村容村貌提升工作始终坚持精准、精细这个科学方法，充分把习近平总书记讲的精准理念运用到工作的实践之中，以问题为导向，以需求为指针，聚焦改善人居环境、提升生活品质，各项工作都抓到了点子上、落在了实处。做到了精准规划、精准设计、精准施工、精准管理，坚持以质量为核心，发扬工匠精神，切切实实打造了一批精品。

《传承与创新——十八洞村乡村规划与设计纪实》，这本由湖南大学设计研究院组织编撰的图书，从设计师的视角，用"乡村规划与设计"这个小切口，打开精准扶贫与乡村振兴有机衔接这个大主题，讲述了湖大设计人在湖南省住房和城乡建设厅的指导下，完成十八洞村村庄规划和村容村貌提升设计工作台前幕后的细节和成果，展示了湖南省住建系统和湖大设计人的政治意识、勇于担当的精神，同时以小见大，从侧面反映了以十八洞村为代表的中国乡村大变化。

这本由亲历者编撰的全面反映十八洞村村容村貌提升工作的图书，语言生动流畅，可读性强，还配发了出自设计师之手的手绘图、效果图、实景图，兼具艺术作品之美与工程设计之美，加上设计师的文字导读，非常吸引读者，再现了湖大设计人用心、用情、高质量完成十八洞村村庄规划和村容村貌提升设计的生动故事。

随着十八洞村的日益发展，它在国内外的关注度也越来越高。《传承与创新——十八洞村乡村规划与设计纪实》既为深刻认识发生在当代中国大地上这一伟大历史性事件的内在逻辑提供了一个十分重要的窗口，也为继续推进乡村振兴战略和坚定不移走共同富裕道路提供了深刻的启示。

湖南大学党委书记　邓　卫

2021年5月

前言

　　2018年7月，湖南大学设计研究院参与了湘西花垣县"十八洞村村容村貌提升工作"，完成了十八洞村村庄规划和村容村貌提升设计，创新性地建立了湖南首个驻村规划师制度，在共建服务中探索出一条可复制、可推广的设计扶贫实施路径，这一路径已成为十八洞村精准扶贫经验的重要组成部分。为记录湖大设计人在十八洞村从精准扶贫迈向乡村振兴过程中所做的努力与探索，以及取得的成果，湖南大学设计研究院特组织全体参与共建服务的设计师共同编撰了本书。

　　本着实事求是的原则，全书以时间为主线，兼顾特色项目，翔实记录了湖南大学设计研究院如何群策群力，制定实施策略与方案，组建设计与行政工作组的过程。各个设计组单独成篇，介绍设计师们深入十八洞村调研，与村民互动，发现问题，思考方案，做出决策及设计实施中的故事与成果。

　　在接到湖南省住房和城乡建设厅的任务后，湖南大学校领导要求设计团队在湖南省住房和城乡建设厅的直接指挥下，高效率、高要求、高质量、高标准地完成这项特殊的、具有历史性意义的工作。湖南大学设计研究院为这次共建服务拟定了一个百日攻坚计划，组建了以院长为总指挥、共产党员为中坚力量的设计团队，先后有70余名专业人员参加了6个设计与行政工作组，全面进驻十八洞村开展规划与设计工作。

乡村振兴，规划先行。规划师在规划机构改革后，规划编制标准暂不明确的情况下，应该编制什么样的村庄规划？是建设规划、土地规划还是旅游规划？村庄规划如何实现"多规合一"？规划如何更好地落地？十八洞村村庄规划编制完成后，规划设计服务是否就此中止？

适合的设计，才有生命力。建筑组如何在不降低"村民现代化的居住品质"的前提下，使得建筑设计最大限度地保留住苗族同胞的生活习惯与居住生态？以何种方式把建筑"嵌入"这原生的苗寨？新村部设计理念"偏传统"还是"偏前卫"？"接地气"的冷摊青瓦屋顶怎样才能和钢结构牢靠地结合？保温材料怎么在它们之间固定？建筑设计者的责任和义务又是什么？

乡村景观设计旨在对本土基因进行隐性传承和显性表达。景观组应该秉承怎样的设计理念，打造出符合十八洞村特色和文化传承的乡村景观？

乡土文化建设是乡村振兴的灵魂。文创组如何充分发挥现有的设计优势，为设计扶贫做出具有现实意义的贡献？十八洞村特殊的高校文创团队又如何发挥其所长，实现人才培养和乡村文创共赢？

......

这些困惑，设计师们均在十八洞村的村庄规划与设计的过程中进行了探索，并在本书中做了解答。

十八洞村，山路崎岖，地势陡峭，磕碰难免；气候湿闷，条件简陋，生活艰苦。湖南大学设计研究院的共产党员们始终保持不忘初心这个党性意识，充分发挥先锋模范作用，使得团队全体同志倍受鼓舞，士气高涨。大家不辞辛苦，任劳任怨，圆满完成了任务。

回头看，项目的成功在于精准策划、精细组织，在于全过程工程项目管理方法运用，在于"力在项目团队、质在企业组织"的项目服务，在于始终突出政治站位这一前提。赠人玫瑰，手留余香——优质的服务与优秀的成果，让湖大设计人获得了许多的赞誉与奖状，也在思想上得到了升华。

在从精准扶贫迈向乡村振兴的道路上，湖大设计人在理念上的传承与创新，在行动上的责任与担当，是他们不忘初心、方得始终的具体表现。

本书是集体创作的结晶，除主编和编委会成员外，参加编撰的人员还有：阳钊、何瑶、马润田、曾婷、卢泽金、林京、郭丽、冯科峰、刘炜、王欣、李家良、张彦瑜、刘启东、石健、陈坤、刘勇超、朱世、吴余鑫、焦璐、刘经纬、刘羽珊、王佳琪、俞潇洁、周正星、刘瀚波、刘贝贝、文聪、郑文轶、易莲；提供照片的人员有：屈远、谭淳、张颖虹、王文蒨、胡矗（为尊重原创，书中图片由他人提供的，均在作品处署名；撰稿者本人提供的，则不再单独署名）。参与十八洞村规划与设计工作的同志踊跃投稿，囿于篇幅和内容限制，有些稿件我们暂时没有录用，留待今后收录进《我在十八洞村的故事》中。本书经过全体参编人员精心谋划和反复选编，数易其稿，执行主编奉荣梅老师与大家一起，付出了大量的心血和汗水。在此，谨向所有参与者和撰写者表示感谢！

本书在编撰过程中，得到了湖南省重点研发计划《乡村田园综合体产业模式优化与示范》（2018NK2056）、湖南省委宣传部智库重点项目《十八洞村精准扶贫模式总结》（19ZWB02）、湖南省自然科学基金面上项目《基于数字化技术的湘西地区乡村空间解译、基因提取及在地性转化研究》（2020JJ4232）等课题项目的资助，湖南省委宣传部还为本书的编撰工作提出了具体的意见与建议。在此一并致谢。

感谢湖南省住房和城乡建设厅的信任；感谢湖南大学党政领导的支持；感谢参与"十八洞村村容村貌提升工作"有关单位和各位战友给予的帮助；感谢十八洞村驻村工作队、村"两委"（村支部和村委会）和全体村民给予的支持；感谢湖南大学出版社党委书记雷鸣编审为本书的编写和出版献计献策。

本书编委会

2021 年 5 月

Contents 目录

2018 年 7 月，湖南省住房和城乡建设厅牵头组织"十八洞村村容村貌提升工作"，其中四大重点工程设计任务由湖南大学设计研究院承担。7 月 2 日，湖南大学设计研究院组织考察先遣组抵达十八洞村，对四个村寨进行勘察调研，并成立了规划组、建筑组（建筑风貌组、新建建筑组）、景观组、文创组、宣传组以及后勤保障组，紧锣密鼓地拉开了"百日攻坚战"。

规划师以现状问题为导向，以乡村振兴为目标，以精准思维为指引，构建了一种乡村精准规划模式。在充分研判区域发展及村庄现状的基础上提出了精准扶贫首倡地、传统村落保护地、乡村旅游目的地、乡村振兴示范地四大规划目标。在总体发展目标的指引下，从价值"链"、文化"脉"、技术"流"、机制"线"四个维度开展规划实践和研究。

建筑组根据"精准扶贫、因地制宜"的原则，紧密结合十八洞村传统村落民居的地域特色，不搞大拆大建、大破大立，坚持做适合的设计。新村部和村容村貌的整体提质设计尊重当地的空间特色与建筑基因、风土文脉，让新旧建筑之间建立起情感的联系，从不同的视角，寻找到最大的公约数。

十八景，点与线的旋律

景观组对四个寨子的景观提质改造进行精准定位，分类指导，使乡土与传承相结合，并以因地制宜、就地取材、控制成本为原则，通过构建一廊两园四寨的景观空间结构，打造了独具特色的"十八景"，创建了"小——尺度宜人""土——乡土文化""特——独具特色""优——全域美景"的乡村景观，实现了空间最优化、环境生态化、文化活态化、业态多样化、设计人性化、服务标准化。

乡村文创，产教融合结硕果

文创组由高校师生团队依据"产教融合，协同创新"的实践模式，深度挖掘十八洞村民族、地域、历史等文化内涵，为四个村寨完成了景观艺术小品、文创旅游纪念品、农产品包装等设计。这些设计成果不仅取得了国际艺术设计大赛奖项，提升了十八洞村的文化影响力，为十八洞村文创产业发展提供了设计支持，为树立"中国设计"的乡村品牌起到助推作用，而且为培养本土设计人才开拓了以高校师生团队为主体的协同培养模式。

精准施策，精细组织

十八洞村村容村貌提升工作始终坚持精准、精细这个科学方法，把习近平总书记讲的精准理念充分运用到工作的实践之中，以问题为导向，以需求为指针，聚焦改善人居环境、提升生活品质，各项工作都抓到了点子上、落在了实处。用心、用情、用力推动，做到了精准规划、精准设计、精细施工、精准管理，坚持以质量为核心，严格程序、计划扎实、实施到位，如期打造了一批精品。

不忘初心，方得始终

"百日攻坚战"，湖南大学设计研究院充分发挥党组织的战斗堡垒作用，以驻村规划师服务为基点，为十八洞村共同致富奔小康提供了强大的保障，为十八洞村建设美丽家园、实现乡村振兴营造了美好的环境；其间涌现出一批先进人物，取得了许多的优秀成果，体现了湖大设计人义不容辞的社会责任感，真正做到了"不忘初心，方得始终"。

引 子

2018 年 7 月，湖南省住房和城乡建设厅牵头组织"十八洞村村容村貌提升工作"，其中四大重点工程设计任务由湖南大学设计研究院承担。7 月 2 日，湖南大学设计研究院组织考察先遣组抵达十八洞村，对四个村寨进行勘察调研，并成立了规划组、建筑组（建筑风貌组、新建建筑组）、景观组、文创组、宣传组以及后勤保障组，紧锣密鼓地拉开了"百日攻坚战"。

2017 年 10 月 18 日，习近平总书记在党的十九大报告中首次提出乡村振兴战略，拉开了乡村脱贫致富奔小康的序幕。如何谋求精准扶贫与乡村振兴的有机衔接，在脱贫攻坚决胜阶段巩固提升精准扶贫的成果，同时在乡村振兴时期继续发扬精准扶贫的经验，对于打破城乡二元体制、构建科学乡村治理体系、实现共同富裕具有重要意义，是现阶段乡村发展需要重点思考的问题。

作为精准扶贫首倡地的十八洞村，更要率先大步迈向乡村振兴之路。坐拥一方神奇秀丽的山水，十八洞村亟需具有前瞻性、科学性的村庄整体规划来引领十八洞村未来的持续性致富之路、发展之路。十八洞村未来的蓝图规划牵动着各级政府的心。

2018 年 6 月 30 日，湖南省委秘书长主持召开了湘西自治州和省直有关单位主要领导参加的专题会议，布置落实各项工作。会议明确"十八洞村村容村貌提升工作"由湖南省住房和城乡建设厅（以下简称"省住建厅"）牵头组织，并由湖南大学熟悉农村工作的专家牵头设计，要求提质后的村容村貌做到精致、特别、美丽。7 月 1 日下午，省住建厅召集相关部门和单位落实工作，于是"十八洞村村容村貌提升工程设计"这一重大而光荣的任务就落到了湖南大学设计研究院的身上。

7 月 2 日一大早，由邓铁军、罗学农、尹怡诚、田长青、肖懋汸、

考察先遣组进驻十八洞村

曾帅、尹新平、肖光宇、甘治国等组成的湖南大学设计研究院考察先遣组，经历5个多小时的车程，到达十八洞村。来不及休息，他们就在驻村干部的陪同下，对四个村寨开始进行勘察调研。

十八洞村地处武陵山区腹地，是一个苗族聚居的山寨。它由梨子寨、竹子寨、飞虫寨和当戎寨四个寨子组成。梨子寨面积约15965平方米，是十八洞村人口最少的村寨，共27户，108人，村寨建筑密度高，用地紧张，缺乏公共活动空间，拥有百年苗居7栋，占村寨建筑面积的25.9%，只含少量现代建筑，占村寨建筑面积的3.6%。竹子寨是十八洞村的第二大寨，用地规模为41680平方米，共81户，334人，寨子临近新建村部南侧，建筑密度较高，用地紧张，缺乏公共活动空间，全村有90%以上的建筑为传统苗家民居。飞虫寨是十八洞村第一大寨子，用地规模为44004平方米，共101户，383人，村寨依山就势，自然布局，空间层次感较好，苗家传统建筑保存较为完好，历史建筑 3 栋，传统苗家民居 72 栋，占村寨建筑面积的 72.2%。当戎寨与飞虫寨是近邻，用地规模为 12792 平方米，是十八洞村规模最小的村寨，共 30 户，121 人，寨中自然布局、建筑错落感较好，但有 2 栋砖房分布其中，破坏了苗寨景观界面。

十八洞村于 2016 年底摘掉了贫困村的帽子，成功解决了祖祖辈辈难以解决的贫困问题。但仍有不少青壮年外出务工，"空巢老幼"仍占有一定比例。

7 月 5 日，根据湖南省委秘书长专题会议精神与要求，省住建厅在花垣县委会议室，主持召开了相关省直单位和州、县、镇相关部门及考察先遣组等各单位负责人参加的"十八洞村村容村貌提升工作"动员大会。会议细化了本次提升工作的职责，明确了分工。村容村貌提升工作整体组织包括综合组、环境组和设施组，综合组成员为省住建厅、湘西自治州住房和城乡建设局（后简称"湘西自治州住建局"）、花垣县政府、花垣县住房和城乡建设局（后简称"花垣县住建局"）、双龙镇政府和十八洞村委；环境组成员为省住建厅、花垣县住建局、双龙镇政府、十八洞村委、湖南大学设计研究院、中国电建集团中南勘测设计研究院、花垣县驻十八洞村工作队；设施组成员为省住建厅、花垣县住建局、湖南省建筑设计院集团有限公司和苏交科集团股份有限公司。会议强调了工作职责和工作计划安排时间节点的重要性，要求必须按法规程序依法完成规划、设计、建设、验收与布展。

湖南大学设计研究院担负了综合组重点工作和环境组工作任务，即十八洞村门楼、精准扶贫纪念碑、村级活动中心、十八洞村村庄规划、房屋建筑风貌提质、安置小区和 7 个公共厕所等项目的规划与设计。

7月6日，先遣组人员先后回到长沙。6日晚，湖南大学设计研究院当即召开了落实项目规划与设计任务工作会议，成立了院项目领导小组，对应"十八洞村村容村貌提升工作"的四大重点工程，分别成立了规划组、建筑组（建筑风貌组、新建建筑组）、景观组、文创组、宣传组以及后勤保障组，并立即按照省住建厅要求组织对村级活动中心等新建项目进行方案设计，为省住建厅拟于11日左右向省委汇报"十八洞村村容村貌提升工作"实施方案做准备。此时，邓铁军院长才有把握向湖南大学主管副校长刘金水就湖南大学设计研究院参与十八洞村调研和承担相应的村容村貌提升规划与设计任务的情况，进行电话汇报。刘金水副校长非常重视这一工作，立刻向湖南大学党委书记邓卫进行了汇报，并获指示于7月9日听取湖南大学设计研究院就"十八洞村村容村貌提升工作"进行的专题汇报。

7月7日下午，在省住建厅召集的十八洞村村容村貌提升规划与设计组织协调会上，湖南大学设计研究院率先表态，将十八洞村的设计作为援建工作，不收取设计费。其他单位纷纷赞同，接连表态。

7月9日，湖南大学党委书记邓卫和副校长刘金水等领导专门听取了湖南大学设计研究院就十八洞村设计援建工作的情况汇报，领导们认为设计要做到"干部满意、村民满意、游客满意和专家满意"是极其不容易的，他们要求设计团队在省住建厅的直接指挥下，高效率、高要求、高质量、高标准地完成这项特殊的、有历史性意义的工作。

自此，湖南大学设计研究院"十八洞村村容村貌提升百日攻坚战"全面拉开序幕。

执笔人：邓铁军　罗学农

精准规划，
助力乡村振兴

规划师以现状问题为导向，以乡村振兴为目标，以精准思维为指引，构建了一种乡村精准规划模式。在充分研判区域发展及村庄现状的基础上提出了精准扶贫首倡地、传统村落保护地、乡村旅游目的地、乡村振兴示范地四大规划目标。在总体发展目标的指引下，从价值"链"、文化"脉"、技术"流"、机制"线"四个维度开展规划实践和研究。

在全面脱贫"最后一公里"与乡村振兴"最先一公里"的历史交汇期，乡村规划成为促进乡村现代化发展和精细化治理的首要前提，对推进脱贫攻坚与乡村振兴有机衔接起到桥梁和纽带的重要作用。

湖南大学设计研究院成立了专门的规划组，负责十八洞村村庄规划的任务。在规划机构改革后，规划编制标准暂不明确，村庄规划到底怎样编？是建设规划、土地规划还是旅游规划？这对于规划师来说是一个非常大的挑战。在强度高、时间短、任务重的情况下，规划师秉承"科学的规划是最大的效益"的理念，以现状问题为导向，以乡村振兴为目标，以精准思维为指引，在"多规合一"方面进行先行探索，编制和实施"多规合一"实用性村庄规划，着力推进精准脱贫和乡村振兴，在实践中试图构建一套新的乡村精准规划模式。

规划组首先从人地关系、人居关系、人际关系、村际关系、城乡关系五个方面梳理了乡村演进的规律。其次，充分挖掘地域文化特征，从区域空间结构、聚落空间形态、街巷空间尺度、建筑类型、文化标识五个方面建立了十八洞村的空间基因库。在充分研判区域发展及村庄现状的基础上提出了精准扶贫首倡地、传统村落保护地、乡村旅游目的地、乡村振兴示范地四大规划目标。在总体发展目标的指引下，从价值"链"、文化"脉"、技术"流"、机制"线"四个维度开展规划实践和研究。

乡村演进规律			乡村空间基因库	
人地关系	人居关系	人际关系	区域空间结构	聚落空间形态
村际关系		城乡关系	街巷空间尺度　建筑类型	文化标识

精准扶贫，蝶变中国

精准扶贫首倡地	传统村落保护地	乡村旅游目的地	乡村振兴示范地

价值"链"——多方主体参与	文化"脉"——多元文化表征
企业　政府　村民　社会组织　乡村外客	红色文化　知青文化
多厅合作　　　多组分工	苗族文化　农耕文化

技术"流"——多种规划融合

生态保护线	永久农田保护线	历史文化保护线	村庄开发边界

生态空间	农业空间	建设空间	
林业保护规划 生态保护规划 水资源保护规划	土地利用规划 基本农田规划 产业发展规划	传统村落保护规划 旅游产业发展规划 美丽乡村建设规划	区域协调发展规划 公共服务设施规划 综合防灾规划

生态修复	土地整治	环境整治

机制"线"——多维保障管理

驻村规划师制度	规划管理和修订机制	土地改革机制	村规民约机制

十八洞村精准规划技术路线

走出来的"蝶形"空间结构

知己知彼，方能百战不殆！规划伊始，前期调研是一个非常重要的环节。不了解乡村的现状和历史，就不可能很好地解读它的内涵和规律，也就不能更好地把握它未来的发展方向和趋势。在十八洞村规划设计及落地建设的过程当中，几十位不同专业的设计师先后来到十八洞村参与工作，行走在田间地头，他们扎根调研、深入探寻，查资料，问历史，探文化，足迹遍布十八洞村的每一寸土地。

十八洞村处于云贵高原东部边缘，属喀斯特岩溶地貌发育区。村内地形以山林、峡谷、溶洞为主，素有"八山二田水，地无三尺平"之说。十八洞村整体地势较高，平均海拔约700米。其中位于村域北部的莲台山海拔最高，为1009米；位于村域东南的夯街峡谷水系交汇处海拔最低，为435米。村内水系以峡谷溪流为主，呈一主四支"指状"分布，水量不大但水流较急，其中夯街峡谷是村域内最主要的一条峡谷，西起莲台山山脚，东连小龙村，呈U字形延伸，向东汇入小龙洞河。

规划师在经过一周多时间的实地调研走访后，对十八洞村有了初步的认知，对"苗寨""风俗""首倡地"等关键词也有了直观的感受。但是有一个疑惑一直萦绕在众人脑海之中——习近平总书记面对远山，曾感叹道"这就是小张家界"。为何习近平总书记会这么说呢？十八洞村与张家界有何联系吗？规划师决定再次深入山中寻找答案。制定好工作路线后，他们在驻村工作队队员的陪伴下出发了。

夯街峡谷

　　规划师从梨子寨出发，深入谷底，途经黄马岩、天洞。这里久无人迹，杂草丛生，气候潮湿，树叶上、枝条上挂满了水珠。拄着从地上随意捡起的树干，大家深一脚浅一脚地行走着，不一会身上就湿透了。汗水与森林的露水在身上交织融为一体，再也分辨不清了。过了许久，大家沿着峭壁悬崖走到了小溪边，这里凉风习习，流水潺潺，清冽凉爽，幽静迷人，让人仿佛置身于张家界的金鞭溪。没想到山谷中竟藏着这般美景！

　　遗憾的是，从南边溪谷直接登上高名山山顶的小道还未开辟，大家只能先返回梨子寨，稍作休息，随即乘车到当戎寨，从北面沿机耕道徒步上高名山。

　　一行人沿着山路走到尽头，令人惊喜的是，高名山山顶上竟然藏着一片绿油油的农田，这里开阔平坦，绿意点点，生机盎然，让人不得不感叹：真是"柳暗花明又一村"啊！经过农田，又一幕奇观映入眼帘：远眺前方，云雾缭绕，环抱群山，气势磅礴，恍若仙境。驻村工作队队员骄傲地告诉大家："脚下便是十八溶洞，洞洞相连，一直连接到梨子寨山脚的溪谷处。"此处真是极佳的观景点！

在一次次的实地踏寻中，大家领悟到"小张家界"的内涵，也找到了村域东边高名山未来发展的思路：十八洞村要留住游客，山水线路一定要立体起来。溪谷、溶洞、山顶通过规划的线路建立起联系，形成游赏闭环，通过调研发现美，通过规划提升美、强化美、留住美，营造新的旅游吸引点。

每一次勘查，每一个故事，每一次震撼，都会让规划师们不由自主地在脑海中一遍又一遍地绘制蓝图，之前的规划构思由一条"S"形的峡谷串联，到夯街峡谷就结束了。构思看似不错，主创团队却总觉得不

十八洞村规划调研（摄影：张颖虹）

够完美。仔细对照照片，尹怡诚等人很是奇怪，为什么图纸上的峡谷到了梨子寨脚下就断了，他们决定再去实地一探究竟。

十八洞村村域范围内除了高名山，还有另一座位于村域西边的莲台山，平时鲜有人上去。于是他们请同来的老村民施成云一道，上山下谷，弄个明白。沿着夯街峡谷，他们走到了十八洞村山泉水厂。路只修到了这里，再往前就没有路了。"规划是走出来的，没有路就走出路来！"尹怡诚跟队员说，"我们上，老施你开路吧！"就这样，他们用镰刀开路，继续往莲台山方向行走，又一次荆棘之旅开始了。

顾不上脚下的崎岖坎坷，一路上队员们的大脑像上了发条般思考着：西边虽是高山，但是也有一条弯弯的峡谷，这对原来特色不明的空间结构是否有所改进呢？大山的空气让人神清气爽，清脆的鸟语更加让人心情愉悦，尹怡诚渐渐胸有成竹，探访莲台山的回程之行显得欢快轻松了许多。

回到村里，大家没有休息，工作室窗口的灯光一直亮着，尹怡诚正带着团队成员不停地勾画、讨论，争辩声起伏不断。贯通东西的U形大峡谷浮现出来，自然地将高名山和莲台山两翼连成一体，地理形态呈现出类似蝴蝶的形状。"这不就是一只蝴蝶吗？！"尹怡诚惊呼道。同时，蝴蝶妈妈是孕育苗族的祖先，苗族自古具有蝴蝶图腾崇拜的习俗，这是苗族文化的重要体现。由此，规划师们联想到，这里是精准扶贫首倡地，这里发出的声音，这里的蜕变，具有引发中国乡村"蝶"变的历史性意义。

反复的踏勘，反复的思考，十八洞村神秘的面纱慢慢被规划师们揭开了，规划的核心思想油然而生——在空间形态上，U形峡谷、东边的高名山、西边的莲台山共同组成了蝴蝶的形状，包含了"蝶

一廊：以 U 形夯街峡谷串联高山、溶洞、梯田形成的山水景观廊道。

两翼：以莲台山生态休闲区和高名山农旅产业区为基底的两翼，一翼重保护，生态环
　　　境优美；一翼重发展，生产生活活跃。

六寨：以苗族风情为主题的六个特色传统村寨。

一心：以梨子寨为中心的精准扶贫首倡地。

十八洞村"一廊联两翼、六寨齐一心"空间结构图

形、蝶翼、蝶脉、蝶心"等元素，将地域文化与现代理念相融合，
打造"一廊联两翼、六寨齐一心"的空间结构，既契合了苗族文化
的传统内涵，又彰显了"精准扶贫，蝶变中国"的理论内核。

村庄规划重在村民参与

村民是村庄规划的主体，村庄规划重在村民参与。在规划调研、设计到方案出炉的整个过程中，规划师不断与村民讨论规划需求，不时在田间地头讲解规划，多次召开村民大会讨论规划，公示张贴宣传规划，举行活动推行规划，尽全力做到了让人人了解规划，让人人支持规划。

由张邓丽舜、何瑶、郭小波、陈莎等七名成员组成的规划问卷调研小组走访了239户人家，克服了语言不通的障碍，跟每一位村民交谈，收集意见，了解了十八洞村不同年龄段人群的真实诉求。

随着十八洞村精准扶贫、乡村振兴的步伐迈进，曾经闭塞贫穷的乡村如今充满了机遇，越来越多的青壮年回到家乡开始在家门口创业或就业。梨子寨是"精准扶贫"重要论述提出的地方，也是知名度最高、游客最多的村寨。这里配套了停车场、旅游厕所、游步道等公共服务设施，并开发了6家农家乐，但是寨子的基础设施不完善，旅游服务功能不配套，仅能提供简单餐饮，村寨内缺乏观光节点和休闲娱乐空间，因此游客停留时间短，消费转化率低。

何瑶负责梨子寨的入户调研任务。她采访的第一户村民是梨子寨村户的一个缩影。男主人原来在外务工，现在回村建设，他说："孩子大了，老人年龄也大了。政府又这么关心我们，到村里来做工作，希望我们回乡创业。我是第一批响应的，家乡建设需要我们，应该支持，一家人在一起，总是好的。"讲到对村庄规划的想法时，他激动

梨子寨（摄影：屈远）

地说："要更干净更整洁，垃圾桶、公共厕所要够，游客来了要是厕所都找不到，看着乱糟糟的样子，我们都不好意思。"他还说起当时有人提出进村参观要收门票，他是绝对不答应的："大家愿意来，是看得起我们，是来学习精准扶贫的，我们不能赚这种昧良心的钱，我们不能阻碍精准扶贫精神从这里传播出去。"说话间，男主人那神情严肃又骄傲。

竹子寨是十八洞村的第二大寨，位于十八洞村村域南部，四面环山，呈一个精致的青瓷碗样式。寨中的房屋主要分布在东南侧，寨子的中间还建有十八洞村唯一的一所小学。竹子寨的学龄儿童相对比较多。

张邓丽舜负责竹子寨的入户调研工作。位于竹子寨中央的隆志发家是寨子里小朋友常聚集的地方，张邓丽舜第一次到隆志发家时，屋前的晒谷坪上有五六个小朋友在玩。张邓丽舜以自己的诚恳和亲和力，和小朋友们迅速打成一片，也因此让小朋友们打开了话匣子，各抒己见：有的畅想村里有个幼儿园，这样他的小弟弟就可以在家门口上幼儿园了；有的想象村里有个图书馆，这样大家平时也可以有个地方看课外书了；有的憧憬着有个小广场，小伙伴们就可以约在一起玩耍，再也不用屋前屋后地窜了；有的还希望家门口开个大超市，想吃什么就能买什么……那天他们还约好了第二天中午去寨子西边的小溪抓鱼，小朋友们说，有个游泳池也是他们的愿望。

乡村是讲求地缘、血缘、人缘的熟人社会，交流让规划师与村民熟络起来，使他们相互信任和理解，继而成为乡村社会发展过程中重要的驱动因素。

规划组采取的这种"扎根式"驻村方式，通过入户走访、发放调查问卷等形式做到了村民全覆盖。

2018年9月5日晚上，规划组在当戎寨的居民房内召开了村庄规划方案成形后的第一次村民意见征集会。房顶上挂着一盏黄色光源的老式吊灯，墙上的挂钟有条不紊地工作着，指针慢慢走近会议时间点位置。大堂中心处，一张方形餐桌上铺展着规划图纸。

村民们陆陆续续到达会场，充满好奇心的村民们被规划图纸吸

竹子寨

引至桌子周围。规划组组长尹怡诚站在桌子旁开始给村民讲解规划内容，描述着十八洞村的美好前景。乡村规划中涉及发展方向和总体目标的战略性决策，往往能够引起群体的共鸣，而涉及个体利益需求的细节性决策，却不可避免地招来不同的声音。对于十八洞村的整体发展方向和目标，大部分村民表示赞同和认可，但部分涉及村民个体利益的规划内容，尤其在新寨选址问题上，村民们产生了一些质疑。

近年来，十八洞村村民建新房的需求明显，因此规划在村寨南、北各建一处新居民点。南部新寨（感恩寨）选址符合村民的要求，很快就得到了村民的认可；而北部新寨（思源寨）选址却存在较大分歧。规划师将北部新寨布置在飞虫寨和当戎寨之间，同时在新寨址规划了赶秋场，一方面便于基础和公共服务设施能在三个寨子间共享，另一方面希望三个村寨未来能形成一个北部组团，以赶秋节等苗族传统文化活动为特色形成整体发展趋势，吸引更多游客到访。然而，村民们希望新寨选在张刀路旁的另一处空地，那里交通更方便，且为游客的必经之地，在旅游旺季，村民们可沿途做点生意，增加收入。在场的规划师与村主任、村民进行了很久的商议，最终在论证地块的地质和用地条件允许的前提下，尊重村民意愿，将规划选址移至村民认可的位置，并在圈定思源寨用地范围时尽量避开地质灾害点。这个方案得到了村民们的认可，规划师最终与村民们达成了共识。

村民代表大会共论规划是一个不断交流、学习、引导的过程，规划师的专业知识源于理论和经验的积累，而村民的诉求则根植于地方实践。因此规划师需妥善平衡两者的关系，以专业认知带动乡村建设高质量发展的同时又要尽可能地满足村民的合理诉求。

另外，在评审阶段，规划组还将规划方案在村民大会上对全体村

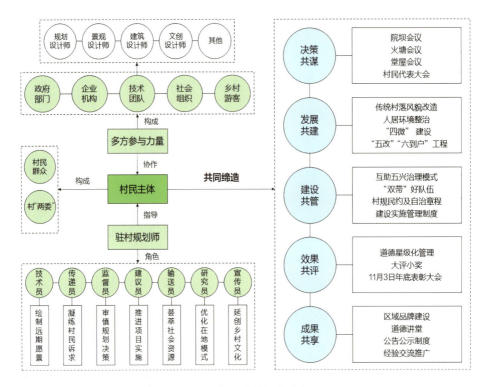

十八洞村精准规划共同缔造流程

民进行公示，并结合部门及专家意见进行修改；在实施阶段，将村民意见充分融入规划动态调整中，同时鼓励村民参与村庄建设，及时了解村庄建设和村庄规划的适应性与协调性。

规划师们在十八洞村的规划过程中，采用"多方参与，共同缔造"的理念，构建了"多厅合作，多组分工"的联合规划模式；采取"共同缔造工作坊"方式，搭建了以村民为核心，规划师为主干，驻村工作队、地方政府、企业、社会组织和乡村外客等其他主体共同参与的互动平台；充分发挥集体智慧，凝聚价值共识，促进十八洞村规划决策共谋的"全过程组织"及"全方位统筹"；引导村民全过程参与，使村民认同村庄保护与发展路径，逐步培育村民的主人翁意识。

三线串联，美丽乡村一盘棋

乡村旅游开发是一项能让农民实现脱贫致富的利民工程。十八洞村乡村旅游不但可以解决十八洞村山多田少的问题，壮大乡村产业规模、丰富乡村旅游产品种类，而且是十八洞村在脱贫之后的乡村振兴过程中实现乡村产业兴旺的重要途径。

规划师们认为，十八洞村作为全国乡村旅游扶贫重点村，自身有良好的生态环境、保存完好的民族村寨和丰富的民俗风情，应借助精准扶贫首倡地的影响力，对接旺盛的乡村旅游市场需求，重点发展以市场为导向的乡村旅游业，辅以生态农业和相应的加工业、民族手工艺等，进而达到带动农户持续增收、防止返贫的目标。

规划组深入十八洞村调研，在汇总并分析各方信息后，初步明确并梳理出红色教育、山水风光、民俗风情三条旅游发展脉络，随即着手开展对这三个方面的详细调研。

听闻西边的莲台山有一处保存完好的知青林场，很有旅游开发价值，尹怡诚邀上罗诚一大早便一起前往莲台山。由于莲台山地势陡峭，丛林遍布，崎岖难行，很多当地人也没有上去领略过这座原始森林的风光。他们沿着林荫小道，边走边观察，边走边讨论，不知不觉就到了知青林场场部。村民向导施成云介绍，20世纪六七十年代，这里住过60多名从城市里来的知识青年，他们在这生产生活，在这片土地上奉献过青春与热血。当年的木房子如今仍静静地伫立在原地，仿佛在等着后人的探访。

优良的自然本底、深厚的知青文化让尹怡诚等人兴奋不已，浮想联翩。作为规划组的负责人，尹怡诚感觉旅游发展规划手上又多了一张好牌，只看怎么组合这些资源了。

为进一步摸清十八洞村的苗族民俗文化，规划组与十八洞村旅游公司的彭勇、花垣县文化旅游局的巫梁提前约好，共同进行一次深度的探讨。彭勇与巫梁长期驻扎十八洞村，对十八洞村的情况和苗族历史了如指掌，如数家珍。2018年8月8日晚上，虽已是半夜11时，但尹怡诚与彭勇、巫梁两位驻村干部的跨界交流才刚刚开始，在碰撞中他们的思想闪烁出一致的"火花"。

彭勇强调，苗族是一个没有文字的民族，苗族文化大多以古代苗语诗歌来传承。在最具有代表性的国家级非物质文化遗产"苗族古歌"中，"妹榜妹留"（通常译为"蝴蝶妈妈"）是人、神和兽的始祖母，而代表"妹榜妹留"的"蝴蝶"在苗族服饰和剪纸中成为重要的图腾纹样。除此之外，巫梁还讲述了很多关于苗族崇尚生态、崇拜自然的民族信仰，如枫木、龙、蝴蝶图腾崇拜等。尹怡诚因此受到启发，有了新的旅游发展思路：在民间信仰方面，可将苗族自然崇拜、爱护生态的理念予以延续和发扬，对村寨、田园、峡谷、森林等在保留原生态性的前提下进行开发；与苗族信仰相关的枫木、竹、杉树，可作为村落环境改造中的重要树种；枫木、竹、蝴蝶等图腾形象，可运用到村落的景观节点、标识标牌的打造中。

除了与彭勇、巫梁讨论，规划师们还多次向当地民俗专家、旅游业专家请教。大家认为，虽然在湘西境内，凤凰古城、德夯苗寨等均具有较高的资源品级和旅游知名度，但还有很多潜在的旅游产品未完全开发，在乡村旅游转型升级的背景下，十八洞村仍有较大的旅游市场发展空间。

总而言之，十八洞村有高山、峡谷等"小张家界"自然资源；梨子寨有精准扶贫首倡地的新时代印记；莲台山知青林场有20世纪上山下乡的知青文化可寻。并且十八洞村是个纯苗寨，不管是民俗习惯，还是民居建筑，抑或是饮食生活，都具有很浓厚的苗族民族特色。因此，在做十八洞村村庄规划时，规划师们遵循了"空间立体、体验多元"的原则，打造出红色、绿色、古色三条主题旅游线路：以扶贫文化、知青文化为主题的精准扶贫教育线（红线）；以峡谷探险、梯田养生和森林拓展为主题的山水风光游览线（绿线）；以苗族风情、传统建筑、观光农业为主题的民俗风情体验线（古线）。这三条旅游发展脉络互为补充，相辅相成，使十八洞村最终实现乡村旅游目的地的目标。

在确定了十八洞村旅游产业发展方向之后，如何在建设用地本就短缺的十八洞村更好地利用村寨内部现有的闲置建设用地资源，是发展产业的一个关键点。空置房利用落入规划师们的设计思路，成为旅游规划的"附加条例"。

由王亚琴和张邓丽舜组成的空置房调研小组，带着提前准备好的村寨平面图，邀请村主任助理隆航做向导，对全村的空置房情况进行了摸排调研。

全村总共946人，以前只有三分之一的村民留在村里，三分之二的村民常年在外打工，留下来的大部分人是老人和小孩，甚至有全家都搬出去的。而在2018年，这个比例倒过来了。只有三分之一的人还在外面，三分之二的人留在了村里。

乡村的"空"需要更多的返乡人来填"满"。对于十八洞村来说，

扶贫文化路段: 扶志文化窗—十八洞村农旅合作社—扶贫工作队之家(隆元珍)—扶制讲堂—精准扶贫重要论述培训基地—感恩坪(观景平台)—筑梦书屋(扶智课堂)—大姐红色文化之家—扶贫工作队之家(施全友)—精准扶贫首倡地会址(小张家界观景平台)—精准扶贫教育实践基地。

知青文化路段: 忆苦思甜路—扶志文化墙—知青木屋(知青之家)—知青林场。

重点打造一条精准扶贫学习路线、一堂精准扶贫培训课程、一个精准扶贫蝶变故事、一场精准扶贫奋斗电影。

一条经典的精准扶贫学习路线——追根溯源,还原历史考察路线,重走主席路。

一堂精彩的精准扶贫培训课程——不忘初心、牢记使命,做一个信仰坚定的共产党人。

一个感人的精准扶贫蝶变故事——述说十八洞村的辉煌故事,展现十八洞村人砥砺奋进,坚决打赢脱贫攻坚战的精神。

一场励志的精准扶贫奋斗电影——以《十八洞村》电影为依托,记录十八洞村脱贫攻坚的奋斗史。

设计师语

精准扶贫教育线

设计师语

峡谷探险段： 高名十八洞—夯街峡谷—高名山。

梯田养生段： 古寨梯田—休闲谷—十八洞山泉水厂。

森林拓展段： 三十六湾古栈道—砂眼神泉—森林营地—森林康养。

山水风光游览线

这些空置房的用处可大了。按照规划师们的设计，未来十八洞村乡村旅游将成为主导产业，游客会越来越多，但村里餐饮、住宿等旅游服务设施远远跟不上。规划师提议可以考虑以村集体的名义把这些空置房长期租用下来，改造成标准的民宿，这样既能避免村里的资源浪费，为村民和村集体谋利益，又能解决部分旅游接待问题，这就是双赢。

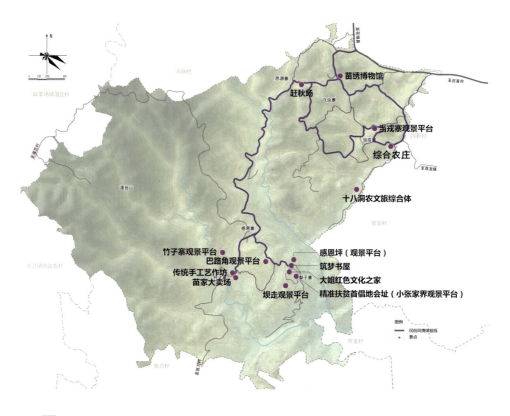

主要游线: 飞虫寨—当戎寨—综合农庄—赶秋场—竹子寨—梨子寨。

民俗风情体验线

同时,规划师提出:完善旅游配套服务设施,优化村域内道路交通,如在竹子寨与梨子寨之间、峡谷区域的 U 形峡谷以及莲台山和高名山上建设游步道;在夯街峡谷建设高名天桥(张刀路观景平台—高名十八洞洞口)、十八洞缆车(梨子寨—高名山);在十八洞村特色产品店停车场和村级活动中心停车场,分别配建不少于 5 处充电桩;在四新村以及排碧集镇配套加油加气站。这些配套设施在服务村民生活的同时,也能满足旅游发展的需要。

共建品牌，左邻右舍谋发展

独木不成林！十八洞村发展了，但不乏有人认为其势单力薄，旅游的可持续发展潜力不足。如何打造十八洞村的核心竞争力，保有十八洞村的持续发展力？规划组通过调研走访，发现十八洞村及其周边区域整体资源丰富，认为可以对整体资源进行梳理整合，形成以十八洞村为核心的区域产业链条，从而达到区域整体发展、竞争力全面提升的目的。

标志（logo）是大众认识主体的一张脸，可以向大众传达主体的属性。其有记忆点、联想点，对提升主体的形象大有裨益。因此，规划师们想道：打造十八洞村核心竞争力，从设计十八洞村的品牌logo开始。十八洞村logo既是形象标识，也是区域品牌，在乡村内部有助于增强村民群体的乡村认同感和自豪感，而其外部正效应对区域共同资产具有凝聚力和吸引力，可以助推区域资源整合，加速农旅产品推广。

十八洞村的logo设计，充分体现了省住建厅与湖南大学设计研究院一干人马的集体智慧，整体设计独具匠心，整体造型独具韵味，识别性强。十八洞村logo的总体架构灵感来自习近平总书记与石拔专大姐的合影。而取材则充分结合苗族头饰及特色苗绣花纹元素（增添设计民族感），同时结合当地景观文化特色，将汉字"十八"、牵手、洞、梯田等元素抽象运用，展现了四层含义：logo设计形似汉字"十八"，让人一目了然——这是十八洞村的logo；苗族阿哥阿妹

十八洞村 logo

"牵手"，既体现了精准扶贫的帮扶精神，又表达了十八洞村村民团结一致、携手同心，靠双手创造幸福生活的心愿；"洞"的元素提取，寓意蹚出十八洞村幸福之路的美好愿景；"梯田"的元素提取，展现了静谧乡关、望秧思甜的朴质苗寨风采；颜色搭配上采用蓝、绿两色，展现了十八洞村的秀美山水风光。

十八洞村品牌 logo 落定，接下来如何打造"十八洞"品牌，如何谋划其可持续发展，又是摆在规划师们面前的一个问题。

十八洞村所在的湘西自治州，拥有奇特俊美的自然风光，险峻神秘的群山峻岭，隽永独特的民族风情，百花齐放的特色村寨，以及自成一派的巫楚文化。十八洞村的左邻右舍，自是蕴藏在这连绵险峻的武陵山脉中钟灵毓秀的村落群体。对十八洞村周边乡村进行踏寻走访、资源梳理、优势整合，既是留存传统农耕文化记忆的重要途径，也是开展研究、利用与保护工作的基础，更是实现抱团发展、促进乡村振兴、助力城乡融合发展的重要环节。规划师制订了调研计划，对十八洞村周边的板栗村、双龙村、金龙村等村落与景观逐一进行了探查。

规划组调研发现，十八洞村周边以双龙村、板栗村为代表的村庄具有优质的旅游资源，但大多处于沉睡状态。其中，张刀村具备优质的生态环境、中国传统村落特色，但其设施配套薄弱、交通不便、缺少产业发展引擎；四新村、马鞍村、溜豆村可选建设用地相对较多，但同样缺少产业发展引擎；板栗村是具有中国传统村落特色的古苗寨，生态环境较好，现代特色农业种植已成一定规模，但是用地紧张，优质旅游资源未利用；双龙村拥有双龙奇特溶洞、险峻峡谷及生态梯田等优质旅游资源，但是其早期开发较粗放。

规划组抓住发展的"牛鼻子"，决定以资源优化配置、设施共建共享、区域整体发展为目标，根据周边村庄的资源本底和现状将其产业发展进行定位，整合周边区域优质的但暂未较好利用的资源，统筹布局，充分发挥十八洞村旅游产业优势，形成以十八洞村为核心的有机农业及以苗族民俗文化展示为主题的乡村休闲旅游产业链条，打造区域共建共享的"十八洞"品牌。同时，整个片区的米、腊肉、稻花鱼等农副产品，和秀美的自然风光、别具一格的人文特色一起都烙上了"十八洞"品牌印迹，让其产品附加值得以翻番。

列产业负面清单，打造田园综合体

谋定共赢，旅游是外在动力，规划师们还欲激发十八洞村的内生动力，而产业兴旺在乡村振兴战略中列居首位，是农村发展建设的动力来源。

苗族是较早种植水稻的民族，经历几次大迁徙，湘西苗族最终在武陵深山区定居，他们开辟山林，开垦梯田，由刀耕火种到精耕细作，形成了独特的农耕梯田文化。十八洞村山多田少，村民自给自足已实属不易，要发展农业产业，还真是一个大的挑战。针对农业产业发展问题，规划师在飞虫寨一户村民的家里举行了研讨会，了解到十八洞村种植业情况，目前发展较好的有猕猴桃、黄桃、水稻等，其中猕猴桃已经成为农业产业品牌。

为什么猕猴桃会发展成为十八洞村的支柱产业呢？这是因为十八洞村大部分是山地，山林里面长满了野生猕猴桃，且口感很好，很多外地人尝过之后都赞不绝口，这说明十八洞村的土质很适合猕猴桃生长。于是，村民们考虑在村内发展猕猴桃产业，但最大的问题是十八洞村的土地有限，分布也不集中，不适合规模化生产。2014 年，在龙秀林担任队长期间的驻村工作队，给村民们出谋划策，在紫霞湖边上的道二乡异地租用、流转了约 66.7 公顷的土地，成立了十八洞苗汉子果业有限责任公司，建成了十八洞村精品猕猴桃基地，这种创新实践被称为"飞地经济"模式。现在，十八洞村猕猴桃基地已发展成湖南湘西国家农业科技园区，而龙秀林成为园区管理委员会主任后，将十八洞村的"飞地经济"经验继续延续并推广出去。规划师想明白了一个道理，传统、纯粹的规模化农业不适宜十八洞村，但村域内的土地还是要利用起来，村庄的整体规划还是要把思路打开。

规划组根据十八洞村种植业和养殖业的情况，结合目前十八洞村乡村旅游的实际，思考一番后，提出农业和旅游业融合发展的设想：近期，农业种植以体验性、观赏性有机农业为主，通过乡村旅游来提高农业附加值；远期，形成十八洞品牌后，可以考虑联合周边土地条件较好的乡村，将十八洞村作为农业展示中心，而在周边乡村开展规模化种植，通过十八洞村的辐射作用带动区域农业产业发展。这种集现代农业、文化旅游、田园社区等功能于一体的田园综合体发展模式获得了大家的一致认可。经过几轮讨论，规划组初步确定了十八洞村农业产业规划思路：北部飞虫寨与当戎寨区域通过种植猕猴桃、黄桃、茶叶等，形成以有机农业展示为主的产业发展环；南部竹子寨和梨子寨区域围绕梯田，通过稻－渔等种养结合的方式，形成以农耕体验为主的农旅发展区。

通过前期调研分析，规划组发现：十八洞村的第一产业以传统种植为主，产品具原生态特色但附加值低；第二产业以苗绣和山泉水加工为主，产品质量高但产量有限；第三产业以乡村旅游为主，旅游资源丰富但未开发，体系不完善。

规划组依托十八洞村产业基础和资源条件，深入发掘其空间、产业、文化和景观等多元价值，使农业与第二、三产业相互渗透，促进"三产"融合，着力打造田园综合体，实现农业产业"接二（产）连三（产）"的发展思路，形成有机农业和乡村旅游两大主导产业，同时借助产业间的加法与乘法效应创造新业态，以点带面，促进资源互

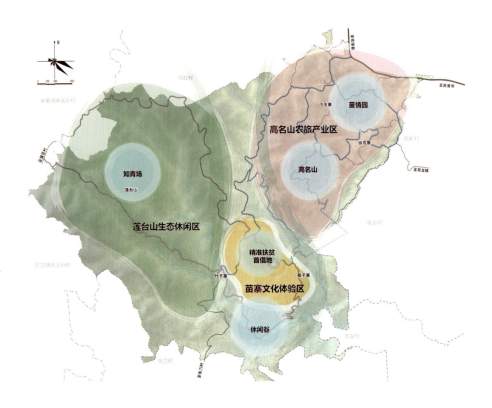

五核：分别为精准扶贫首倡地、苗情园、高名山、休闲谷、知青场。

两环：以交通线路串联重要产业项目，形成东、西两条精品旅游环线。东环串联苗情园—高名山—精准扶贫首倡地；西环串联精准扶贫首倡地—休闲谷—知青场。

三区：高名山农旅产业区、苗寨文化体验区和莲台山生态休闲区。

产业空间布局规划图

补，最终形成区域产业联动的格局。

秦承生态 A 保护的原则和满足产业发展的要求，根据相关政策，规划师提出要严选产业，制定了产业准入负面清单：永久基本农田控制线、生态保护红线范围被列为禁止开发区，依法确定应永久性保护，不得占用、开发；村庄建设边界内被列为限制开发区，严格限定产业种类清单。清单之外的，各类市场主体皆可依法平等进入。根据具体产业项目，在十八洞村形成"五核、两环、三区"的产业结构。

"多规合一"绘蓝图

村庄规划涉及的部门和人员较多，勠力同心完成十八洞村村庄规划是摆在大家面前最重要的问题之一。

城乡规划与土地规划历年来都各自形成了完整而成熟的技术体系。城乡规划期限通常是 20 年，近期为 5 年；土地规划期限一般在 10 年以上。规划期限不同导致"多规"现状起始数据不同和空间开发时序不一等矛盾。规划师没有被矛盾捆住手脚，而是积极寻求帮助，多方协调，找出症结所在。第一，统计口径不一致。城乡规划是由住建部门依据《城乡规划法》编制的，侧重城乡的建设和发展，根据自然环境、资源条件等，结合城乡发展定位，对城乡空间进行三区划定；土地规划是由国土部门依据《土地管理法》编制的，强调合理配置土地资源，着重保护耕地和基本农田。第二，坐标系统不同。城乡规划采用的是独立平面直角坐标系，土地规划采用的是 1980 西安坐标系或 1954 北京坐标系。第三，技术标准不同，用地分类类别出现偏差。第四，规划底图数据来源不同。城乡规划数据来自城乡规划部门的调查，土地规划数据来自遥感和实地调查。并且，不同规划的管控分区不同，实施的管控措施也不同。

秉着初心，规划师们在乡镇与规划局、村民与村干部、规划编制与项目实施之间，充当了沟通交流的"润滑剂"，协调各方利益主体要求，总计走访部门近二十家，召开大大小小职能部门会议、方案讨论会百余次。在不断交流中，规划师们更加深刻地体会到"多规合一"的重要性。

经过长期讨论交流，城乡规划与国土规划双方达成共识，提出"统筹规划、规划统筹；因地制宜，分类指导；保护优先，适度发展；节约用地，科学布局；区域协调，合力发展"的规划总体原则，同时开展"多规合一"规划探索。

规划组多次与花垣县住建局、花垣县国土资源局、十八洞村村"两委"、十八洞村旅游公司等沟通，在统一工作底图、统一规划期限、统一基础数据、统一用地分类、统一差异图斑处理的"五统一"技术统筹基础上，划定了"四线三区"（"四线"侧重边界的刚性管控、底线约束，包括生态保护红线、永久基本农田线、历史文化保护线和村庄开发边界；"三区"突出主导功能的弹性控制、分类引导，包括生态空间、农业空间、建设空间）；开展综合整治规划，通盘考虑土地利用、产业发展、居民点布局、人居环境整治、生态保护和历史文化传承等规划内容；制定了湖南省首个"多规合一"的实用性村庄规划。

在大家的共同努力下，十八洞村村庄规划成功实现了"多规合一"，规划师们心中也仿佛松了一口气。大家有理由相信，"多规合一"的实用性村庄规划可以给十八洞村未来的发展指明方向，使十八洞村的发展有了明确的路线图、时间表和计划书。

十八洞村"四线"划定要点

边界类型	规划内容
生态保护红线	根据十八洞村所在的花垣县环保局划定的生态红线，在满足生态系统完整性和连通性的前提之下，划定需实施特殊保护的区域，主要包括莲台山、夯街峡谷、水源保护地、生态公益林等
永久基本农田线	主要依据土地利用总体规划确定的基本农田，结合大比例尺调查精度和规划深度差异，确定永久基本农田面积
历史文化保护线	主要对自然环境（山体地貌、水域风光、古树名木等）、人工环境（空间格局、历史建筑、特色构筑物等）及人文环境（民间戏曲、节庆、习俗等）三大要素进行严格保护，结合《花垣县十八洞村传统村落保护与发展规划（2016-2030）》划定核心保护区、建设控制地带及环境协调区
村庄开发边界	通过开展空间开发适宜性评价和资源环境承载力评价，明确村庄空间的适宜开发区域。以此为基础，参照《花垣县十八洞村土地利用总体规划（2006-2020）》建设用地指标及居民点建设用地现状，原则上先固化既有建设用地，再根据村庄自然增长率及游客承载量测算所需要的建设用地规模，以此作为村庄开发边界上限

十八洞村"三区"规划要点

空间类型	规划布局	规划要点
生态空间	将生态保护与休闲旅游适度结合，构建"一廊两翼"的生态景观格局。"一廊"即以U形夯街峡谷串联高山、溶洞、梯田形成的山水景观廊道，"两翼"即莲台山生态休闲区和高名山农旅产业区	"一廊两翼"生态景观格局

续表

空间类型	规划布局	规划要点
农业空间	1.秉承生态保护和产业发展的要求，制定产业准入负面清单，围绕生态农业和乡村旅游两大主导产业，优化资源配置，延长产业链，实现三产深度融合； 2.生态农业打造有机农业及农产品深加工，开发猕猴桃、黄桃、茶叶等农产品；乡村旅游提升体验型旅游业，满足红色教育、观光游憩、风俗体验等各种需求，构建主题线路、山水民宿、民俗节庆等梯度化旅游产品； 3.空间布局上落实具体产业项目，整体形成"五核、两环、三区"的产业结构； 4.打破村庄行政区域界限，通过产业链整合周边优质资源配置，引导配套设施共建共享，整体打造农业种植及苗族民俗文化展示为主题的乡村休闲旅游，带动周边区域整体发展，实现区域乡村振兴	生态农业与乡村旅游相结合
建设空间	结合村民建房、基础设施及旅游服务的需求，统筹建设空间规划布局。其一，充分考虑村民的建房需求及因分户、拆迁等导致的安置需求，在村庄开发边界之内新建安置区，新增感恩寨及思源寨两处居民点；其二，统筹安排各类基础设施，满足村庄基本生活服务需求，联合镇区打造乡村生活圈，与城市居民共享公共服务，实现区域共享与效率平衡；其三，考虑远期发展的需求，预留5%的有条件建设用地作为产业发展备用地。在村庄建设指标总量不变的前提下对建设用地位置进行适度调整，划定村庄开发边界	统筹建设空间，满足各类需求

十八洞村综合整治规划要点

整治类型	规划要点
生态修复	在生态保护红线区域严禁任何开发建设；针对被破坏的区域采取自然恢复为主、人工修复相辅的方式，退耕还林、退牧还草，以仿建原有的生态系统整体，增强生态系统循环能力；对村域26处地质灾害隐患点通过锚固、覆绿等方式进行灾害防治和生态修复
土地整治	严格按照"耕地总量不减少、建设用地不增加、农民利益不受损"的要求推进。针对违法占地、破坏耕地情况进行拆违控违；统筹推进高标准农田及旱地改水田等农田基础设施建设；加强土地流转，对村庄建设用地统一管理、集中开发，解决土地碎片化、弃耕失管等问题
环境整治	全面推进改厨、改厕、改浴、改圈、危房改造"五改"工作和水、电、路、房、通信、环境治理"六到户"工程。积极动员村民参与村容村貌整治工作，鼓励村民从自身做起，树立自己的家园自己建的意识

湖南首创驻村规划师制度

十八洞村规划设计方案已近破蛹。2018年9月，住房和城乡建设部发布《关于开展引导和支持设计下乡工作的通知》，提出要引导和支持规划、建筑、景观、市政、艺术设计、文化策划等领域设计人员下乡服务，大幅提升乡村规划建设水平。结合2018年1月《中共中央国务院关于实施乡村振兴战略的意见》中提到"要把人力资本开发放

十八洞村驻村规划师签约仪式

在首要位置，畅通智力、技术、管理下乡通道，造就更多乡土人才，聚天下人才而用之"。

大家意识到：驻村规划是大势所趋！为促进十八洞村可持续发展，推动乡村振兴进程，十八洞村引入了驻村规划师制度，并成为湖南省首个引入驻村规划师制度的乡村。

2018年9月28日，"花垣县十八洞村与湖南大学设计研究院驻村规划师签约仪式"在十八洞村村部会议室隆重举行，十八洞村村主任隆吉龙与湖南大学设计研究院代表尹怡诚在《十八洞村与湖南大学设计研究院驻村规划师协议》上签字，双方达成长期服务协议，正式建立驻村规划师制度，创新乡村规划服务模式。

在签约仪式上，省住建厅副厅长易小林指出，此次驻村规划师签约仪式是湖南省首个驻村规划师制度的实践案例，意义重大，将在湖南省规划史上留下浓墨重彩的一页。而驻村规划师应该做到以下三点：一是要把规划做实，脚踏实地，实事求是，不流于形式；二是要把规划做细，规划是用脚丈量出来的，用语言交流出来的，用心思考出来的；三是要把规划做好，乡村规划是"持久战"而不是"突击战"，规划师应做好长期"售后服务"，要提倡"规划回头看"，乡村规划是"阵地战"而不是"游击战"，要把规划体系的链条打通、拉长。

村主任隆吉龙在发言中感慨道，省、县、镇等各级领导和湖南大学设计研究院等单位为十八洞村付出了诸多心血，他代表十八洞村对大家表示由衷感谢；十八洞村规划细致全面，让整个十八洞村村民都充满了信心，是引领全体村民进一步走向富裕的蓝图。他同时保证，十八洞村村民一定会在村里统一思想，统一认识，全力配合规划的实施，把十八洞村建设得更好。

湖南大学设计研究院尹怡诚最后表示，驻村规划师不是一个人，而是一群有情怀、有担当、有能力的规划师们，他们了解乡村、热爱乡村、扎根乡村，用心、融情、致力于乡村建设和发展。而驻村规划师制度，就是一种既能把乡村规划做实、做细、做好，解决规划问题，又能提供"规划售后服务"的新模式。同时，他也作出承诺，未来将带领驻村规划师团队为十八洞村的建设和发展持续服务，贡献智慧和力量。

十八洞村驻村规划师制度的建立开启了湖南村庄规划"扎根乡村，共同缔造"的时代。这是湖南大学设计研究院认真贯彻落实党中央、国务院关于引导设计下乡提升村庄规划建设水平的工作部署而对驻村规划进行的率先探索。这在湖南省是首例，在全国也是一个有益的样板。

驻村规划师制度是精准扶贫和乡村振兴过程中的新生事物，对推

2018年7月 入户调研，实地踏勘 规划编制

正式入驻十八洞村
驻村规划师工作坊成立

2018年9月28日

正式签约建立
驻村规划师制度

2018年10月18日

十八洞村村庄规划
正式通过审批

十八洞村驻村规划服务时间轴

动乡村现代化发展的作用正在显现。十八洞村驻村规划师在进行乡村规划设计的同时，还扮演着乡村教师的角色。

2018年11月12日，长沙市博才寄宿小学的小朋友们在驻村规划师张邓丽舜和王亚琴的带领下来到十八洞村，深入村庄，和十八洞村的孩子们一起开展了一次以"小小规划师"为主题的研学活动。驻村规划师将此次研学活动分为规划课堂和户外实践两个部分。在规划课堂上，张邓丽舜用生动易懂的语言、图文并茂的方式为孩子们讲解。课堂上氛围轻松愉悦，授课的规划师寓教于乐，带着精心设计的问题与孩子们互动。在户外实践中，孩子们在两位年轻规划老师的引导下，深入村级活动中心及更开阔的竹子寨，一起"发现美""观察美""描绘美"。规划需要多方参与，发展也需要多重考虑，站在儿童的视角看问题，这也

"小小规划师"研学活动（摄影：侯科宇）

2018年11月21日 收到来自中共湖南省委办公厅的感谢信

2019年4月 设计回访、十八洞村思源餐厅设计

2020年 十八洞村田园综合体项目、腊肉厂设计

2021年 十八洞感恩寨等持续设计服务

是乡村规划的重要组成部分。

十八洞村驻村规划师工作坊也于 2020 年下半年正式落成，它既是驻村规划师的工作室，也是驻村规划师对外交流的重要窗口。

在驻村规划持续服务的 2018—2021 年中，驻村规划师团队按照村庄规划内容开展感恩寨、思源餐厅、腊肉厂、村民体育活动中心等重点项目的详细设计与建设指导，策划了"小小规划师"等研学民俗活动，他们还在全国村庄规划交流会、U7+Design 中青年建筑师设计论坛、2019 年城乡规划学会、2020 年国土空间规划学会、远大 P8 星球分享会、驻村规划培训会等交流、分享会上宣传十八洞村村庄规划经验。在精准扶贫与乡村振兴有机衔接的发展新阶段，驻村规划师将成为新时代十八洞村全面建设与发展的重要力量。

十八洞村驻村规划师工作坊

十八洞村庄规划经验交流与推广（摄影：郭畅　侯科宇）

演出来的村规民约

规划能够成功落地，势必要融入村民自治的过程中，这样才能转化为村庄的内生动力而得以实现。村民自治向来是我国基层管理的重要环节。乡村治理不同于城市的社区管理，延续多年的传统习俗和文化水平给新思想、新风尚的普及造成了极大的阻力。如何在潜移默化中改变不合时宜的习俗？如何在润物无声中植入民淳俗厚的新风尚？

十八洞村虽然早就有"村规"，但一般由老一辈口传，让大家自觉遵守。以前的"村规"太过笼统，内容也跟不上时代的变化。随着社会文化不断进步，为了适应社会发展需求，使村寨更加和谐、邻里更加和睦，制定更全面、更规范的村规民约，尤为迫切。考虑到村民的接受能力，管理的条文一定要朗朗上口，让大家记得住、辨得明、用得好，真正实现给十八洞村引入"新风尚"的目标。

规划师跟随村第一书记孙中元逐户走访，广泛征求大家意见，将大家最关心的问题记录在案，把规划建设、风貌管理、产业建设等相关内容转化成一句句朗朗上口的四字词语，将它们成了一部十八洞村的"四字经"，融入十八洞村村规民约中；同时，多次组织村民会议，与大家逐条沟通，共同商讨，最终形成了完善的自治章程和村规民约。2018年9月5日，在十八洞村第十届第三次村民会议上，这份经历了多次征求意见后修改完善的《十八洞村自治章程及村规民约》顺利表决通过。

解决了"有章可依"的问题，怎么执行和普及又成了另外一个难题。第一书记孙中元提出了两个好主意：一方面要让村里的党员干部

十八洞村"五兴"互助文明进家自治章程及　　　　　　集中宣传活动上的签名板
村规民约集中宣传活动

率先行动起来，党风正则民风淳，民风淳则党风新，党员带头是改变陈规陋习、不良之风，严格履行村规民约，推动"新风尚"深入群众最有效的方式；另一方面，组织一次集中宣传活动，用生动形象的方式让村规民约走进村民家中，落在村民心中。

2018年9月28日，十八洞村召开了一次别开生面的活动——十八洞村"五兴"互助文明进家自治章程及村规民约集中宣传活动。在这次活动上，村"两委"召集全体村民对村规民约进行了学习。通过表演、朗诵、宣誓等方式，薄薄的自治章程活灵活现地演绎了出来。活动还通过村民承诺签名的方式，充分调动村民的积极性。在签名板上，有老一辈村民郑重按下的手印，也有孩子们稚嫩的字体，那不仅是他们对自治章程及村规民约的认可，更是他们认真履行的决心。此外，村规民约还被写进了《村民读本》，村民人手一册。

走进十八洞村新村部，最醒目的是进门左边墙壁上的一排木板，13块木板竖立排列，标题为"十八洞村村规民约四字经"。游客不约而同好奇地读出了声："雨露阳光，润我家乡；饮水思源，自立自强……管理民主，大事协商；遵纪守法，爱国爱党……"四字一句，朗朗上口。

十八洞村村规民约四字经

（2018年版）

雨露阳光，润我家乡；饮水思源，自立自强。

党的领导，核心力量；牢记教导，思想武装。

管理民主，大事协商；遵纪守法，爱国爱党。

道德为先，文明常讲；关爱妇幼，礼敬尊长。

家庭和睦，友邻互帮；诚实守信，公私不伤。

抵制迷信，远离赌毒；耕读传家，秉承风尚。

红白喜事，切勿铺张；公益事业，人人担当。

家畜家禽，严禁放养；垃圾分类，莫乱堆放。

勤劳致富，家业兴旺；发展农旅，引领一方。

保持风貌，不滥建房；生态家园，共建共享。

党员干部，树立榜样；五兴互助，共创辉煌。

村规民约，牢记心上；乡村振兴，美名远扬。

依托村民自治，催生乡风文明。乡风文明是乡村振兴的持久动力，作为乡风文明重要组成部分的民风民俗，在乡村振兴中发挥着不可估量的作用。相信随着村规民约的深入贯彻，十八洞村全体村民自我管理、自我教育、自我约束的能力会进一步提高，十八洞村的未来，会越来越好。

让规划看得懂记得住

"规划规划，纸上画画，墙上挂挂。"这个顺口溜在相当长一段时期确实存在，很多规划在编制审批完成之日，就束之高阁。问题的第一个症结主要是地方的百姓看不懂那些密密麻麻的文字和图纸；第二个症结是规划的权威性不够；第三个症结是规划的操作性不强，激励约束政策机制没有形成一个方向的合力等。针对上述问题，规划师在进行十八洞村规划设计时创新了成果新形式，从可视化、分众化、信息化三方面入手，改变了过去规划繁复、重编制轻实施的现象，让规划看得懂、记得住、落得下。

如何让规划成果可视化？除专业性的技术图纸外，规划师们选择将文创产品的概念引入到规划成果中，为十八洞村制作了手绘村游导览图，将平面化、线性化的地形地貌、重点规划项目位置、村寨民居等元素具象化；绘制了独具苗族特色的卡通形象，在规划讲解的过程中陪伴其他参与者了解规划、认同规划。这既增加了规划的趣味性，又能让普通公众看得明白、看得进去。

如何让规划成果信息化？中国电建集团中南勘测设计研究院有限公司对全村域进行超高精度的三维数字化建模。这一技术使得山林、房屋、田地、景观的细节纤毫毕现，便于空间信息的完整收集、整理、分析和展示，极大地为规划编制提供了便利。同时，中国电建集团中南勘测设计研究院有限公司打造了"十八洞村数字化平台"（涵盖门户网站、数字沙盘、数字化管理系统、手机APP），将规划的内容与成果载

采用无人机倾斜摄影、三维激光扫描等数字化技术对村庄全域及每栋民居进行空间扫描和信息采集，搭建由"门户网站、数字沙盘、数字化管理系统、手机APP"构成的"十八洞村数字化平台"。

十八洞村数字化平台建设（示意图）

入其中，使十八洞村成了"智慧乡村"。

如何让规划成果分众化？规划师们通过精心设计，将过去单一的"规划文本"变成针对不同受众的"四个一"文本成果以及"两图一则四表一约一说明"的公示成果。此外，细心的规划师们还针对不同受众，专门编制了《村民读本》《村游手册》，力求满足村民和游客的不同需求。这几十页的小册子凝练了规划师和各级主管领导的智慧与投入。

《村庄规划》《村寨设计》涵盖了十八洞村的总体现状调研分析、传统建筑风貌改造设计研究、重点工程项目规划与景观设计研究、文创设计研究和具体的重要区块设计思路、重要节点设计、民居风貌协调以及环境整治等，内容专业，细节精准，图片精美。为了便于携带，规划师们又将《村庄规划》《村寨设计》浓缩成了更轻便的口袋本。《村民读本》册页简洁轻便，语言通俗易懂，以村民的口吻

多样化的成果形式一（示意图）

多样化的成果形式二（示意图）

简洁地介绍十八洞村的家底与苗族同胞的梦想，封底还印上了《十八洞村村规民约四字经》。《村游手册》册页语言精练，图文并茂，涵盖了十八洞村简介、三条主题游览线简图及十大主要景点，另一面就是一张《村游导览图》，在蝴蝶形的地图上，色泽鲜明、清晰醒目地标记出了29处景观点，让人一目了然。

乡村精准规划"金字塔"新模式

2018年10月11日上午，花垣县政府大院里如往常一般安静而庄严，然而此时政府大楼的三楼大会议室里却是人头攒动，气氛热闹而紧张。历经三个多月，一百余天，规划师的驻村规划师团队迎来了《花垣县十八洞村村庄规划（2018—2035）》的最后一道关卡——规划评审会。十八洞村村庄规划即将面临领导、村民、行业专家、职能部门等多方主体的正式考核。

规划组全面汇报了规划的整体思路、规划理念、规划布局、详细设计、分期计划、保障措施等内容，讲者激情澎湃、真情流露；听者聚精会神、目不转睛，此时三个多月一起经历的奋战过程，像一幕幕的电影，在大家的眼前回放。话音刚落，全场响起了热烈的掌声。此后，在场的领导、专家与规划师们进行了热烈的讨论和意见交流。有的专家此前已深入参与了规划编制和决策过程，对规划内容也非常熟悉，他们表达了对规划的深入思考和见解。有的领导是第一次了解十八洞村规划，但他们对于规划中的新理念的植入、新技术的运用等也表示出了浓厚的兴趣。

最后时刻，规划师们如同参加高考一样既紧张又激动地等待着最终结果，当主考官宣布规划评审通过时，规划师们终于放下了悬着的心，看着自己手中这份沉甸甸的精准扶贫首倡地的发展蓝图最终定稿，规划师们终于露出了久违的笑容！

规划成果正式交付后，十八洞村驻村规划师们开启了规划后期服务的新征程。从 2018 年 10 月至今，规划师们坚持"陪伴式"服务，一方面，落实规划的要求，有序地指导项目建设，同时结合发展的需要，对规划进行局部的优化调整，继续扎根乡村将规划做实做细做好；另一方面，积极地在实践中思考、总结、推广十八洞村规划助力精准扶贫、引领乡村振兴的经验与模式。

十八洞村的规划经验究竟是什么？规划师们经过不断地尝试，不断地摸索，不断地反思，给出了以下答案。

十八洞乡村精准规划"金字塔"模式，即一个目标、两大基础、三种方式、四条路径、五项重点、六层转变和七重角色，从七个关键视角搭建了十八洞村规划经验的四梁八柱。

一个目标。十八洞村可以说是领导关切、社会关注、群众关心

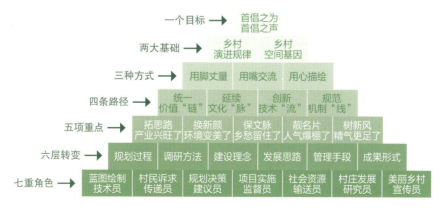

十八洞村乡村精准规划的"金字塔"新模式

的精准扶贫首倡地。如何在首倡之地行首倡之为，发首倡之声，这是十八洞村村庄规划的首要目标。湖南大学设计研究院作为规划湘军中的一员，承担着这一重要历史使命和责任。同时，作为湖南高校设计研究院，应发挥产学研平台的优势，边规划边研究边总结，在全国规划行业舞台、学术高地，为湖南规划发声。规划师在工作过程中始终坚持该目标，创新性地将精准扶贫的内涵置入村庄规划中，提出乡村精准规划的理念。精准规划作为具有科学性、系统性、地域性的一种新型规划理念，是精准扶贫思想在村庄规划与设计中的具体展开，是引领乡村振兴战略顺利实施的有力支撑，是运用规划提升群众获得感幸福感安全感的重要途径。

两大基础。规划师们认为，乡村精准规划要做到因地制宜，首先要夯实两大基础。乡村精准规划应牢牢把握住两大基础，即搞清楚乡村演进规律和挖掘乡村空间基因特征。摸清乡村演进规律是第一个基础，重点从人地关系、人居关系、人际关系、村际关系和城乡关系五个方面进行调研、分析和总结。

三种方式。村庄规划靠的不仅仅是一门写文画图的技术活，更是一门耐心摸清家底、广泛交流沟通、精心推敲细节的"针线活"，十八洞村乡村规划是用脚丈量出来的、用嘴交流出来的、用心描绘出来的。

四条路径。规划工作是一个复杂系统，方向要明、思路要清，规划师在充分研判区域发展及村庄现状的基础上提出了精准扶贫首倡地、传统村落保护地、乡村旅游目的地、乡村振兴示范地四大规划目标，再从价值"链"、文化"脉"、技术"流"、机制"线"四条路径开展规划实践和研究。这四条路径并行交织、呈螺旋状贯穿于规划编制、实施的整个过程，对村庄总体定位与目标、精准扶贫宣贯规

类别	基因图谱	基因类型	基因范围	基因特征
区域空间布局形态		出现年代空间分布	花垣县	500年前左右，花垣县苗族聚落开始形成；元代以前，苗寨发展进程缓慢，且多分布在地势平坦、水源充足的平原、盆地地区；明朝时期，进入深度开发时期，各地区均有村落形成；清朝时期，由于"改土归流"时期对苗族同胞的武力征服、强制同化的政治环境，苗寨发展速度趋于缓慢，进入稳定时期；民国时期，连年战乱，村落发展处于停滞状态
		聚落空间形态分布	花垣县	水平空间上，村落聚落点呈现以下演变特点：1. 由南向北、由中间向两边扩展；2. 沿主要溪流方向；3. 村落聚落点团状生长。垂直空间上，苗族聚居地寨有"天无七日晴，地无三尺平"之称，依山而居，具有从平原盆地向高山高海拔地区演进的趋势
聚落空间布局形态（空间结构类型）		扇形空间结构	梨子寨	
		扇形空间结构	当戎寨	典型的高山苗寨，房屋呈行列式排布，主干道未深入村寨内部。生产空间分布在生活空间周围
		梭形空间结构	竹子寨	聚落沿交通道路扩展，形成带状空间形态；聚落周边山体围合，使村落朝着较平坦宽敞的地区扩张，呈现出扇形扩展形态。综合而言，呈两头小、中间大的梭形结构。生产空间与生活空间交叉
		多向扩张结构	飞虫寨	受自然环境条件等因素的阻碍，在聚落空间中形成了多个扩张方向的空间形态，房屋沿等高线排布。在形成和发展初期，在自然条件较好的位置设置聚落核心。生产空间与生活空间交叉
聚落空间布局形态（中心空间形态）		中心型	竹子寨	
		中心型	飞虫寨	呈现向心性，整片村落围绕中心建筑发展形成典型的中心空间
		偏离型	梨子寨	
		偏离型	当戎寨	多出现在偏平行性聚落里，或为高山村落（如梨子寨），或为沿等高线排列的行列式村落（如当戎寨），中心空间的选址受地形地貌的限制

类别	基因图谱	基因类型	基因特征
街巷空间类型（尺度）		街巷尺度（Ⅰ）	构筑物之间界定的街巷空间，街巷宽阔（一般≥4.5米），一般为车行道等主干道
		街巷尺度（Ⅱ）	构筑物之间界定的街巷空间，街巷宽度小（2米左右），一般为支巷
		街巷尺度（Ⅲ）	构筑物之间界定的街巷空间，屋后有水渠，街巷宽度小（2米左右），一般为支巷
		街巷尺度（Ⅳ）	因山地地寨，由构筑物与挡土墙界定的街巷空间。挡土墙另一侧即由晒谷坪一类开敞空间与构筑物界定
		街巷尺度（Ⅴ）	由构筑物与农田、水塘或者广场等开敞空间界定的街巷空间
街巷空间类型（铺装）		车行道	水泥或沥青路
		支巷	取自本土材料——青石板，一般顺铺为主，若遇坡度较大的区域则以多块青石板堆叠形成踏步
建筑类型		院落布局	十八洞村苗族居民以一栋三间主屋为主，布局上分为"一"形布局与"冂"形布局伴随着院落，院落随地形地貌变化而大小不等
		平面造型	
		立面造型	十八洞村苗族民居以两坡顶为主，底层居住，二楼放杂物。主屋侧面加建底层，前为晒谷坪，或增建吊脚楼，一般为两层，均可住人。因此，民居的组合方式有"主屋+庑屋""主屋+吊脚楼"的特征
		空间构成	十八洞村苗族民居剖面十分对称，呈现显著的中柱崇拜，大部分民居为五柱七瓜排架
		檐口类型	十八洞村苗族民居的前檐特别宽敞（约1.3米），檐下无柱
		建筑材料	大多采用木结构+竹编泥墙
文化标志		文化图腾	十八洞村形成了以太阳、龙、枫树和蝴蝶妈妈为主的自然崇拜
		民族信仰	民间风俗中保留着赶秋节、打苗鼓、过苗年等民俗活动
		服饰纹饰	十八洞村苗族服饰颜色以靛蓝、黑色为主，衣服和头巾均以黑色为主，有刺绣的花纹，以花鸟为主
		饮食文化	十八洞村饮食大多取自自然山乡，多为柴火烹饪。因气候原因，肉类常采用熏干或腌制的方式保存，因此当地的特色食物为腊肉和酸鱼

空间基因库（示意图）

划、产业发展、三线控制、用地布局、道路交通、基础设施与公共服务设施、传统村落保护发展、村民建房、环境整治、区域协调、分期建设等方面做出规划指引。

五项重点。规划组在十八洞村规划明确了五项重点工作（产业、环境、文脉、旅游新风），在十八洞村的发展中产生了显著的效益。拓思路，产业兴旺了。十八洞村土地资源稀缺，分布碎片化，素有"八山二田水"之说，如何在有限资源条件下做好产业规划的大文章，是十八洞村发展的首要问题。产业规划中，规划组既坚持底线思维，又体现发展导向，通过精准把脉，靶向设计，提出了"一廊联两翼、六寨齐一心"的蝶形空间结构，主要是推动以 U 形山水景观廊道串联的莲台山生态休闲区和高名山农旅产业区两翼齐飞、全域发展，达到了以精准扶贫首倡地梨子寨为中心的六个苗寨齐心齐力、共同致富的目的，产业比原来兴旺了。换新颜，环境变美了。十八洞村是历史文化名村和中国传统村落，其传统苗居建筑是独特的乡村文化遗产。规划坚持保护苗族特色、保存苗寨风情、保持苗居风貌的原则，不大拆大建，不贪大求洋，做到既美化了人居环境，又提升了生活品质。保文脉，乡愁留住了。湘西地区历史悠久、底蕴深厚、文化厚重，十八洞村作为湘西典型的苗族聚落，具有丰富的文化资源和文化遗产。规划组以"保护为主、适度开发、合理利用、传承发展"为原则，深入挖掘历史文化资源，建立文化传承与创新体系，注重在保护中发展，在发展中保护，留住了乡愁。靓名片，人气爆棚了。十八洞村规划注重发挥自然与人文旅游资源优势，围绕产旅结合、农旅融合、文旅配合，大力发展红色、绿色、古色旅游，打造三条主题旅游线路，把红色旅游当作生命线，把绿色旅游做成风景线，把古色旅游变成记忆线，使之成为乡村旅游的重要目的地，节假日旅游人数爆棚了。树新风，精气更足了。十八洞村老百姓最大的变化在于内生动力的提升。内生动力才是乡村振兴的关键，规划引领不仅仅是技术层面的，更是思想层面的。在规划编制与实施中，通过逐户访谈、问卷调查、村民大会、火塘会议、堂屋会议等形式了解村民的想法与诉求，让村民主动了解规划、参与规划、实施规划，实现了富口袋与富脑袋、扶贫与扶志扶智的相统一，村民的精气神更足了。

六层转变。十八洞乡村精准规划探索了规划工作的方式转变。在规划过程上创新，实现从以往的规划与建设脱节，到精准规划做引领、乡土营建寻乡愁、在地文创出特色的全过程规划模式转变；在调研方法上创新，实现从常规的资料收集方法，到分析乡村演进规律、提炼聚落空间基因的全时空调研方法转变；在建设理念上创新，实现从片面的艺术乡建，到讲土气不讲洋气、讲"小气"不讲大气、讲人气不讲名气的"乡土优建"理念转变；在发展思路上创新，实现从单纯的就村论村，到跳出十八洞发展十八洞村、实现区域资源联动的全域品牌共建思路转变；在管理手段上创新，实现从传统的人力踏勘，到倾斜摄影、三维扫描、数字沙盘、手机 APP 和门户网站的十八洞村数字化平台建设转变；在成果形式上创新，实现从单一的规划文本，到针对不同受众的"四个一"文本成果以及"两图一则四表一约一说明"的分众化规划成果转变。

七重角色。驻村规划师不是一个人，而是一群有情怀、有担当、有能力的规划师们。在驻村实践的过程中，规划师们通过不断尝试，从项目初始阶段的驻地调研，到未来的持续跟踪服务，不但提出了十八洞村详细的驻村规划方案，而且定位出驻村规划师在乡村规划中应扮演好的七重角色：作为蓝图绘制的技术员，规划师要有用抓人眼球的表达形式、通俗易通的语言、简单明了的图画让村民真正了解规划、读懂规划；作为村民诉求的传递员，规划师们轮番定期进驻十八洞村，通过各种联络方式保持与村民的沟通和交流，充分了解村民意愿和诉求，做好村民与乡村管理者、建设者之间意愿和想法的传送纽带，充分协调好村民与各方参与主体的关系；作为规划决策的建议员，规划师们从自己的专业素养出发，对乡村未来发展提出村庄规划实施管理相关政策和制度建议；作为项目实施的监督员，规划师们秉着专业精神和职业道德，秉持正确的道德观和价值观，守住规划原则和建设底线，认真制定工作制度和考核标准，及时监督规划实施情况，将自己的意见反馈给上级政府、村集体与村民，确保乡村按照规划不打折扣地实施建设；作为社会资源的输送员，规划师们集结技术团体，为乡村建设的各个阶段、各个环节提供技术指导和资源输入；作为村庄发展的研究员和美丽乡村的宣传员，规划师们热爱乡村、融入乡村，持续性投身于乡村建设，摸清乡村规划中潜在的构造逻辑、变化规律、发展脉络和文化体系，向村民、社会解读乡村的核心价值，树立正确的乡村认知，持续发挥宣传推广十八洞村的积极作用。

十八洞村乡村精准规划通过两年多的实践取得了显著成效，可以说十八洞村村庄规划经验已经成为十八洞村精准扶贫经验的重要组成部分。

规划师们描绘的十八洞村发展蓝图如同一幅画浮现出来：精准扶贫之蝶飞到了十八洞村，它的身体化作一条蜿蜒曲折的峡谷，在奇秀险峻的山林间，自然伸展，绵延不绝，涌出一股生命泉水；它的双翼化作一片秀美的森林梯田，在青山绿水的相伴中，三产协同，三生融合，绘出一幅和谐画卷；它的血脉化作一个古老的苗族村落，流出一源民俗文脉；它的心脏化作一颗精准扶贫的种子，在十八洞村的土地上，生根发芽，开枝散叶，开出一树幸福梨花。

规划师们深度领会"巧于因借，精在体宜""虽由人作，宛自天开"的妙造自然、天人合一设计理念，让规划为村庄建设发展指明了方向，力图营造出可游可居、可行可望、畅神怡情的苗家理想人居环境，同时也走出了一条可复制可推广的乡村规划之路。在村庄规划的统筹下，各专业协同合作，重点项目有序推进，大家争分夺秒，打开了十八洞村破茧成蝶的大门。

2018 年 7 月至 10 月，在省住建厅的统筹领导及各级政府、职能部门的支持下，由湖南大学设计研究院牵头，湖南省国土资源规划院、湖南省锦麒设计咨询有限责任公司参与，共同完成了《花垣县十八洞村村庄规划（2018—2035）》，首创湖南驻村规划师制度，实现了"多规合一"。2019 年正值国家机构改革时期，规划职能划归自然资源部门管理。在新形势下，"多规合一"实用性村庄规划的探索仍在继续，新方法、新标准不断推出。规划组也顺应了改革趋势，不断对十八洞村村庄规划进行创新提升、优化完善，在此过程中得到了湖南省自然资源厅、湘西自治州自然资源和规划局、花垣县自然资源和规划局的指导和支持。十八洞村村庄规划还被省自然资源厅推荐入选 2019 年自然资源部村庄规划优秀案例，十八洞村"多规合一"村庄规划经验在湖南省乃至全国得到广泛推广。同时，规划组进一步提炼规划经验，总结了乡村精准规划模式，形成了系列学术成果，让产学研创落到实处。

执笔人：尹怡诚　王亚琴　张邓丽舜

何　瑶　阳　钊　马润田

适合的设计，
才有生命力

　　建筑组根据"精准扶贫、因地制宜"的
原则，紧密结合十八洞村传统村落民居的地
域特色，不搞大拆大建、大破大立，坚持做
适合的设计。新村部和村容村貌的整体提质
设计尊重当地的空间特色与建筑基因、风土
文脉，让新旧建筑之间建立起情感的联系，
从不同的视角，寻找到最大的公约数。

十八洞村这个曾经交通闭塞的古老苗寨，如今每天都有上千名游客慕名而来。作为设计师，在此次特别的援建中，通过精准地挨家挨户上门走访、调查，他们有了切身的触动：设计必须实事求是，贴近生活，从居住舒适的角度来体现人性关怀。好的设计必须是真实可行的。

建筑组抓住"精准"二字，因地制宜，不搞大拆大建、大破大立，不搞高大上、新奇特，坚持做适合的设计。经过多轮方案优化，建筑师们最后设计出了本土的、接地气的建筑提质改造与新村部方案，新村部建筑与十八洞村的传统聚落风貌和秀美山野融为一体，浑然天成，"朴素而典雅"。

苗寨建筑，完整的湘西特色

十八洞村是湘西地区典型的少数民族——苗族的聚居区，村寨的苗民是湘西地区古老的苗族支系，还保留着较为传统的生活方式。其中作为中国传统村落风貌保护较好的是梨子寨与竹子寨。

梨子寨是习近平总书记到过的地方，寨子规模较小，位于山顶，是四个寨子中选址最为奇特的。其余三个寨子选址则主要是在山脚下的坡地。

竹子寨（摄影：屈远）

作为建筑师，在项目设计的概念阶段，必须深度挖掘十八洞村的"文脉"，而这个"文脉"的载体便是十八洞村苗族传统聚落与民居建筑。竹子寨、梨子寨随处可见的以竹编泥墙、木板壁作为围护结构的青瓦房、吊脚楼，纵横交错的片石围墙，迤逦的石板小路，村落外高大茂密的丛林与高山峡谷组成的聚落边界，显示十八洞村是一个空间特色极其完整的传统聚落。

平面布局与造型特色。建筑师们被十八洞村秀丽的自然景观与丰富多彩的苗族文化所深深吸引，走进村寨，一条条青石板路干净整洁，四周景色旖旎；行走在寨子里，只见苗族同胞怡然自得，有织背篓的，有打草鞋的，有在菜园里忙活的，还有一群长者坐在树下闲谈。

一条新修不久的柏油路把村子里的各个村寨连接起来。在梨子寨的观景台，可以眺望村落周边壮美秀丽的自然景观。往下看，峡谷幽深，山风吹过，顿觉身体轻飘飘的。放眼四望，梨子寨环着一个窝坨儿而建，形成了一个山水环抱的格局。朵朵白云在天空自由徜徉，座座青瓦房镶嵌于青山绿树间，世外桃源一般。

村后山坡的聚居区之间是村民耕种的田地，大多数居民生活团寨中，另外也有些居民散居在坡地上。经过几天详细的测绘与调研，建筑师们对十八洞村的传统民居有了初步的了解。

从聚落与建筑形态来看，十八洞村的苗族是一个十分古老的苗族支系。苗族聚居的山区，俗称"天无七日晴，地无三尺平"，地理气候条件独特，因此其聚落与建筑具有以下几个重要特征：一是聚族而居，村民们相互间普遍存在或远或近的血缘关系；二是所有建筑依山而居，苗民将十分匮乏的平地用于种植稻田，满足粮食生产；三是在扩建建筑时普遍采用吊脚楼，以适应山地地形；四是建筑材料因地制宜，采用本地山上产的木材，便于运输、加工。

十八洞村的苗族民居看上去朴实无华，但因地制宜而形成的建筑形式，居住更舒适，体现了苗族的居住智慧。其屋顶一般坡度大、出檐长，这样有利于遮挡强烈的日光，檐下的空间适合晾晒衣物。山面普遍采用穿斗式排架，梁以上完全镂空，利于室内的通风散热。

十八洞苗族民居的平面布局主要呈"一"形，或是"┓"形，造型上表现为单独的一栋三间主屋形式，或者是"主屋＋庇屋"形式，抑或是"主屋＋吊脚楼"形式。主屋平面呈长方形，正面三开间，纵向屋架为五柱七瓜或者五柱八瓜排架，即五根落地柱，七到八根不落地的瓜柱，小青瓦两坡顶。中间为堂屋，入口内凹，称为"吞口"，夯土地面；两侧的房间设置架空木楼板，为主要的生活居住面，前室为敞开式布局，设有火塘，后室则为卧室，卧室几乎不采光。堂屋通高，屋架露明；两侧则设有天花板，堆放杂物。主屋内山面的中柱极其重要，是放置苗族先人牌位的地方，其地位类似汉族堂屋的正中间，是承载苗族的中柱崇拜文化的特殊空间。主屋侧面加建，一般会增加庇屋养猪或作为厨房、卫生间等。如人口继续增加或出于功能拓展需要，而主屋没有足够长的地块进行建设，则在主屋的侧面垂直主屋的方向增建吊脚楼，底层用于养猪或放置杂物，二层住人。如果地形较为平整，吊脚楼一层与主屋高差很小，则吊脚楼仍建两层，不同的是一、二层均可以住人。十八洞村的苗族同胞认为，主屋的屋脊必须高过侧屋或者吊脚楼的屋脊，或许是主次尊卑的观念使然，但是这样就造成了吊脚楼的每一层的层高都较低。吊脚楼普遍是两坡屋顶带一侧披檐，类似汉族民居的歇山顶，丰富了整个建筑的造型。

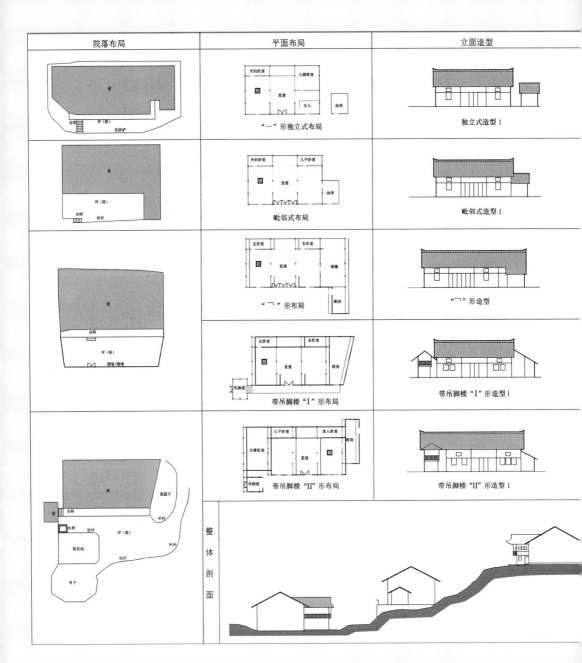

院落布局	平面布局	立面造型
	"一"形独立式布局	独立式造型1
	毗邻式布局	毗邻式造型1
	"┐"形布局	"┐"形造型
	带吊脚楼"I"形布局	带吊脚楼"I"形造型1
	带吊脚楼"II"形布局	带吊脚楼"II"形造型1
	整体剖面	

苗族民居分析图

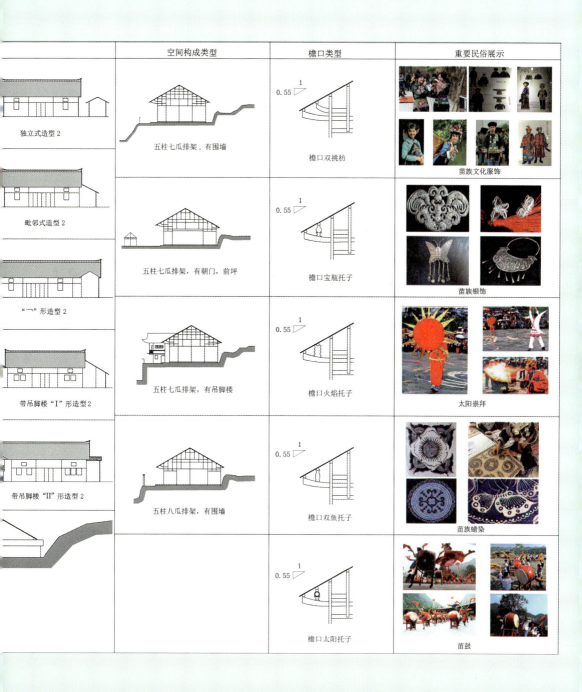

	空间构成类型	檐口类型	重要民俗展示
独立式造型 2	五柱七瓜排架，有围墙	0.55 ⊿ 1 檐口双挑枋	苗族文化服饰
毗邻式造型 2	五柱七瓜排架，有朝门，前坪	0.55 ⊿ 1 檐口宝瓶托子	苗族银饰
"一"形造型 2	五柱七瓜排架，有吊脚楼	0.55 ⊿ 1 檐口火焰托子	太阳崇拜
带吊脚楼"I"形造型 2	五柱八瓜排架，有围墙	0.55 ⊿ 1 檐口双鱼托子	苗族蜡染
带吊脚楼"II"形造型 2		0.55 ⊿ 1 檐口太阳托子	苗鼓

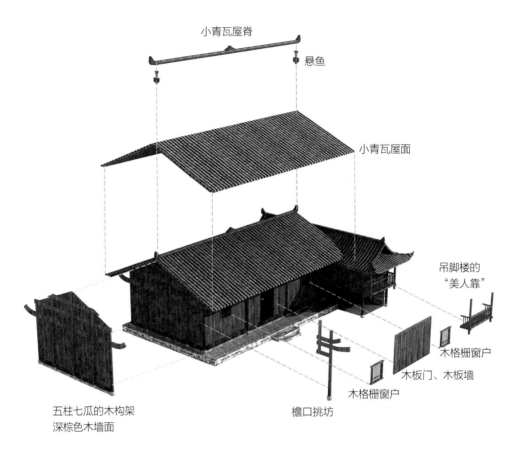

小青瓦屋脊

悬鱼

小青瓦屋面

吊脚楼的
"美人靠"

木格栅窗户

木板门、木板墙

五柱七瓜的木构架
深棕色木墙面

檐口挑坊

木格栅窗户

十八洞村独栋苗族民居分析

　　火塘在十八洞村民居中具有十分重要的意义。一是火塘为分户的标识，每户仅有一个火塘。二是火塘为一家人或者族人商讨重要事情的场所。三是火塘中线正对中柱，中柱靠山墙的一面悬挂着祖先牌位。因此，中柱与火塘一起，强调了以火塘为中心的线性空间在苗族民居中的重要性，是苗族民居中十分重要的构成要素。四是不同姓氏人家的火塘在堂屋两侧的方位也是不同的。

　　主屋前面或者是主屋与吊脚楼围合出的前坪一般为晒谷坪，晒谷坪的其他边界采用矮墙或者篱笆环绕，并建有朝门，朝门的朝向则根据地形地势，由建造房屋的本地工匠根据一定的环境观念进行选择。

以上这些聚落空间特征与建筑元素都是建筑师在今后的设计中所要考虑的内容，以便让传统苗族民居尽可能"原汁原味"地保留住，让传统的生活方式得以延续。

生活空间与生活方式。设计师们在挨家挨户的走访与调查过程中，一边进行重点房屋建筑的调查摸底与测绘，一边通过访谈和问卷的方式了解苗族同胞们的生产空间与生活方式，并制定最佳的提质改造方案。

十八洞村古老的苗寨顺应自然地形，以血缘关系聚居，以姓氏为主组成几个自然寨，各自相互独立又相互守望。在古代，十八洞村苗族同胞多次被驱赶的经历导致他们遁入深山，以崎岖的山路和茂密的林地保护自己。这里的传统民居不拘一格，最能生动、直观地展现出湘西苗族面对山地复杂多变的地形地貌而表现出的居住文化的多样性特征，是生活在山区的人们为了适应周围环境，合理利用地形条件和生存空间的必然结果。但近年来，随着十八洞村的发展，人口流动、对外交流更加密切，苗族同胞的心态也受到了山外世界的影响，苗寨里新建了部分相对现代化的平房别墅型住宅，甚至还有一些欧式风格住宅。

毕竟，在苗族同胞的心目中，古老的木材、泥土在性能上实在难以与现代钢筋混凝土相抗衡，尤其是混凝土砌块建造的房屋看起来更坚固，因而他们抛弃了祖先数百年来的建筑营造智慧。对于村民来说，这在形式上改善了自家的居住环境，但在文化传承的角度上，则导致了苗族传统建筑文化的逐渐缺失，也导致依托于苗族传统建筑的乡土文化逐渐走向消亡。作为建筑师，大家要考虑的是如何在不降低

"村民现代化的居住品质"的前提下，最大限度地保留住苗族同胞的生活习惯与居住生态，再现传统民居建筑的营造智慧，重建当地苗胞建筑营造体系的文化自信。

建筑风貌及构造特色。十八洞村苗寨总体布局特点是依山就势，沿等高线平行布置，高低错落有致。整体村落以所在村域范围内的田地为圆心，呈弧形展开。山区多坡地，可耕作的田地少，苗族同胞出于生产与生活的需要，要尽量留出更多的田地用于农业生产，因而建设用地就逐渐向山上发展，形成山地聚落的特色。

十八洞村的传统苗族民居除上述特色以外，其围护结构的组成也很独特，除正面采用桐油涂刷的木板壁以外，其余三面在木板壁基础上还增加一道竹编泥墙，即用竹编做龙骨，外侧用牛粪与黄泥的混合物抹面，经过阳光曝晒后，形成质地坚固的外围护结构，本地人传言具有防土匪的功能。而实际上如果真的用于防卫，为何仅做三面，而把最容易进攻的正面留出来呢？建筑师们认为，竹编泥墙经过处理后，具有较好的热工效应，冬季防寒防风保温，夏季防晒，尤其在山区是极有利于改善室内热环境的。正面的木板壁表面刷涂桐油，年久氧化后颜色加深，呈现深褐色或者黑色的质感，而竹编墙呈现的黄色与之相互映衬，在山地背景下的绿荫掩映中，使整个聚落显得格外秀美。建筑的檐口构造也颇具特色，深远的出檐在木板壁上投下阴影，既保护了建筑的台基不受雨水侵蚀，也为晾晒衣物提供了空间；二层的通风窗，在保证通风的前提下，还保证不飘雨。檐口处，出挑的牛角枋连续递进，枋上放置代表苗族传统图案的驼峰构件，内涵十分丰富。

旧民居，新风貌

建筑风貌组组长田长青带领建筑风貌组队员们，对十八洞村的每栋民居进行详细的勘测，并画出图纸，进行整理分析。

面临的问题。由于近年来地方经济社会的发展，十八洞村四个村寨中的砖木结构建筑正在逐渐被砖混结构建筑代替，现代的生活方式也产生大量的现代生活垃圾，整体景观环境和村落风貌面临诸多问题。

第一，建筑功能发生嬗变。以梨子寨为例，梨子寨作为核心寨，由于近年来的过度开发，旅游服务与餐饮大行其道，民居被随意更改为饭馆，建筑原有的功能被改变。

第二，村落内建筑的风貌、年代、结构、质量参差不齐。十八洞村是传统的老村老寨，具有一般传统村落的普遍性问题，即随着社会经济发展，农村经济收入提高及家族人口的增加，村民自己新建的住宅大量兴起，这些新建建筑往往体量庞大，且毫无文化传承可言。只有少数人还坚守着老的传统。因此，在历史的累积传承与近年来不断加快的建设活动叠加后，村寨整体风貌、结构呈现五花八门的局面。

第三，飞虫寨新建的房屋最多，而荒废倒塌的也最多；当戎寨老房居多，但是结构、质量都比较差；竹子寨用地规模较大，但因为上一轮的改造，传统村落的风貌特征被改变了；梨子寨虽然是四个寨子中最年轻的，但因为面临诸多考量，风貌参差不齐。

第四，缺乏村民参与和村民自主管理。一是村民保护意识还有待加强，他们对自身所处的良好的自然环境习以为常，没有重视；二是对传统村落与乡村振兴认识不足，缺乏与管理部门的沟通。

调查结论。十八洞村的村落传统风貌具有湘西地区苗族传统聚落的典型性，因社会发展及村落建设等原因，传统村落的整体面貌发生变化，尤其是近年来的现代化建设活动，造成村落整体风貌较差，需继续清理与改善。

总体设计思路及风貌改善技术路线。"实事求是、因地制宜、分类指导、精准扶贫"，这是本次风貌改善工程的重要理论基础，即坚持"实事求是"的设计原则，做到不浮夸，不臆测，不改变十八洞村传统村落的建筑风格；坚持"因地制宜"的原则，尽量采用本地常用的技术、材料、形式、工艺，或在此基础上进行改进，决不生搬硬套；坚持"分类指导"的原则，将民居分类为历史建筑、传统风貌建筑、风貌协调建筑和风貌不协调建筑等四类，并严格限定类型建筑的保护、改善与整饰方法和技术路线，确保落地；最后，坚持"精准"的原则，一家一户走访，上门服务，耐心讲解，引导村民参与村庄治理和对风貌改善工作的配合。

同时，对于习近平总书记当年的参观考察场景，建筑风貌组建议：一是原样复制到新村部展览馆中，二是原景实物陈列，二者同时进行。

以湖南大学设计研究院副院长罗学农、湖南大学教授柳肃为顾问的建筑风貌整治团队，明确了任务目标和总体方向，实施调查走访、测绘、保护与改善设计方案、现场监督的技术路线，制定建筑风貌改善设计导则，确保落地效果。

在108天的整个设计过程中，建筑风貌组先后在十八洞村现场集中测绘、调研、设计共 35 天，投入 700 人次，在高温与风雨中，坚持作业。这不仅仅要求建筑师们具有专业的技术知识，还要有较强的身体素质，最重要的是要有做好这件事的决心和意志。建筑风貌组的成员，头戴印有"湖大设计"的灰色帽子，身穿"湖大设计"的黑色 T 恤，白天扛着仪器在村里挨家挨户地测绘民居的尺寸，行走在田间地头与各个村寨，形成了一道亮丽的风景线。晚上回到驻扎的酒店，他们又展开新一轮的工作：整理白天的测绘资料，将手绘材料录入电脑……

设计人员用脚步丈量土地，用汗水浇铸如火的意志，用真诚去打动村民，架设沟通的桥梁。他们完成逐户调查，摸清楚了所有建筑的结构、质量、风貌、年代，同时与村民主动沟通，明确村民的改善需求，最终确定了改善的方案和措施。

杨明当家在梨子寨感恩广场的左前方，夫妻二人及子女常年在外打工，用辛苦赚来的钱在自家主屋一侧建起了两层的平顶小楼，因缺少装修资金，外墙装修还没最终完成，但是其建筑形式、结构、材料、工艺等都与整个村落明显不协调，也是梨子寨唯一的一栋"碉楼"，是重点"整治"对象。建筑风貌改善时，杨明当夫妇恰好回来了，建筑师们抓住机会多次上门与他们交流：一是讲解风貌改善的有关政策；二是进一步明确改善后的使用功能，即如何利用；三是劝说杨明当夫妇回村发展。经过耐心地做工作，在杨明当妻子从最初的绝不同意改善，到逐步转变为留有余地的情况下，建筑师加班加点完成了设计图纸。最终杨明当夫妇同意了改善方案，解决了连村干部做工作都觉得头疼的"困难户"。

设计感受。乡村工作，关键是与村民打交道。研究传统民居，关键是了解生活在民居中的人。只有设身处地且真切地走进乡村，走进村民

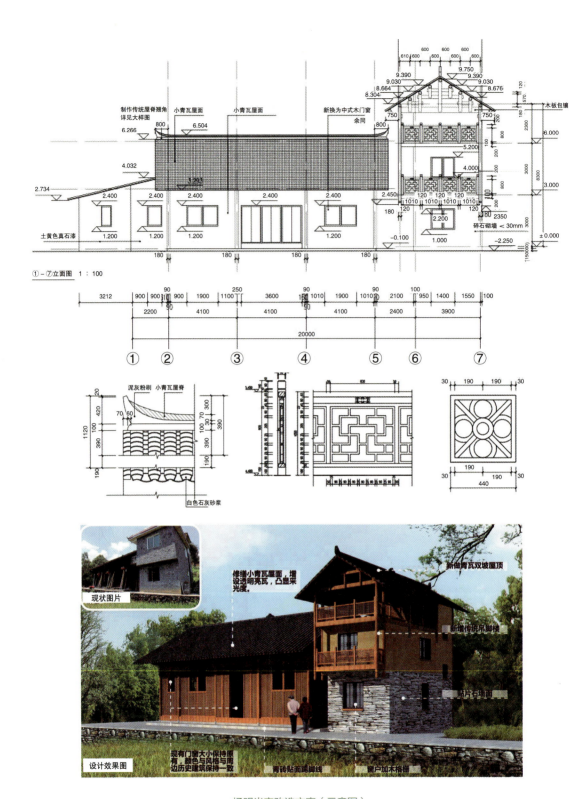

①-⑦立面图 1:100

杨明当宅改造方案（示意图）

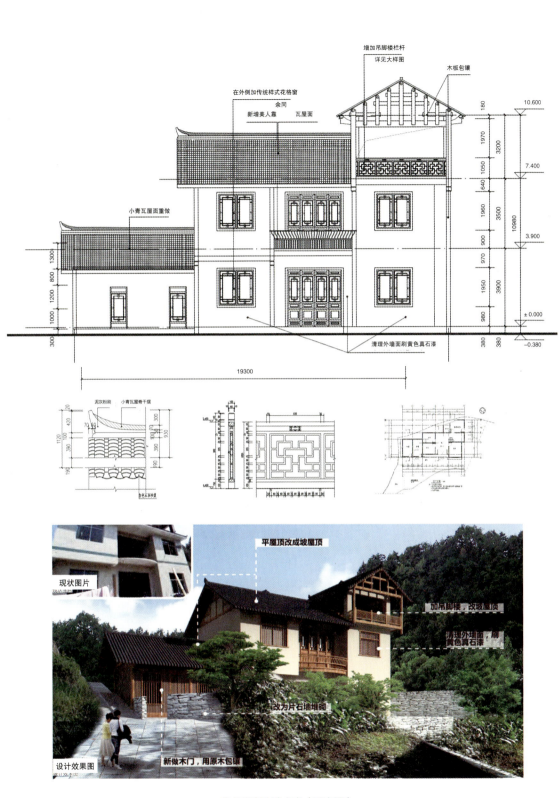

龙书优宅改造方案（示意图）

民居设计效果图

的生活，才能够赢得他们的信任。

　　在设计的出发点上，建筑师们始终是站在苗族同胞的角度思考问题，采用引导措施，不强制，不盲目夸大设计的作用。他们从研究苗族传统聚落与建筑营造体系入手，进一步强调了苗族民居历经数百年积累下来的营造智慧，同时告诉当地苗族同胞，民族的才是最适宜的，从而建立其对自身民居建筑营造体系的文化自信。习近平总书记说"扶贫先扶志"，只有文化自信了，才能够发展得更远！

传统与前卫，两种方案的抉择

新建建筑组在本次村容村貌提升工作中承担的主要任务是十八洞村新村部（含精准扶贫展示中心）的建筑工程设计，以及新村部停车场附属土建设施的建筑设计。

新村部设计是本次村容村貌提升工作的重中之重，原有村部的局促体量已无法满足使用需求，而且位置也离村民主要聚居区过远，因而村部需另觅地址新建。新村部建筑设计的内容，有与湖南省委宣传部对接的"习近平精准扶贫思想展厅"，与湖南省委组织部对接的"党员干部培训报告厅"，与十八洞村村"两委"对接的服务于村民的活动室、卫生所，演艺中心，以及集中停车场等室外设施。所以新村部的建筑面积近 1800 平方米，功能却比较复杂，要同时满足各方的需求，难度很大。

新村部的选址、造型、风格、功能等都是集众人智慧设计出来的，既符合功能需要又有一定的前瞻性。在设计主体建筑之前，建筑师们寻找并梳理了苗居之间的关系，总结出传统苗寨人字形屋面的屋瓦相连、肌理强烈等建筑特色。在主体建筑设计中，为弱化公共建筑的体量，建筑师们尝试着将一栋公共建筑转译为一种乡村聚落的感觉。

由于项目的高度紧迫性，新村部的设计周期被超常规压缩：方案设计时限为一周，确定方案后半个月交出指导现场施工的蓝图。方案主创人员迅速进入角色，进村后，当天下午即踏勘现场，傍晚

"原村部位置"和"新村部位置"

就在宾馆房间勾画草图,晚上即拿出草图提交各方讨论。在方案大方向确定后,湖南大学设计研究院发扬连续作战的精神,投入了建筑一所一半人员的力量,昼夜不分地进行方案设计与图纸绘制,按原定计划,在一周时间内完成了方案设计文本。随即在与参与建设的各方讨论、调整方案的同时,建筑师们即着手施工图设计,一周内即向其他专业提供了建筑专业资料,两周后与建筑三所、设备所的结构机电专业人员一道,按预定时间完成了初版施工图设计,保证了新村部的及时开工。

紧张的史无前例的设计周期在工作强度上把建筑师们逼到了极限,在工作成效上也把他们推到了新的高度,参与者们深深感受到自己有新的潜能被挖掘出来了。从设计的一般规律来讲,在一定范围内,设计周期的长短和设计的质量是正相关的。而十八洞村新村部等建设项目的超短设计周期，并未使设计师们放弃对设计本身的追求，相反在这一特殊任务中的设计思维演变及其结论，成为他们此次设计中收获的重大思想财富。

新村部的建筑面积近 1800 平方米，从规模上来划分，它就是一个小建筑，但在湖南大学设计研究院参与的整个村容村貌提升工作中，它是最"有形"、最"有感"的一个单体公共建筑。它身处群山环绕、乡土民居镶嵌其间的自然环境中，体量是无法让人无视的，因而如何处理好建筑和环境的关系，以及以何种方式把建筑"嵌入"这原生的苗寨，这些都是新建建筑组首先要面对和解决的课题。

新村部的选址接近村域的几何中心，村里与外部联系的主要道路在此分叉，分别通往两个自然寨——梨子寨和竹子寨。建设场地是一处较为平坦的谷地，在用地中部略靠东有一处低矮的小山体，小山体以西的大片空地作为集中停车场。建筑基地位于小山体与南面山体之间的平地，面积约 2100 平方米。基地略高于外部道路，其东侧面向风景秀美的山谷，具有绝佳的景观视野。

在当今主要的建筑设计思潮中，对建筑与环境的共生关系，有着各种不同的理解和处理哲学，归纳起来，可以有"偏极端的"和"偏中性的"的分类。"偏极端的"追求建筑自身的闭环逻辑、自身美学的完整，建筑只是或"摆"或"悬浮"于场地中，之外的环境只是它的二维底色，建筑本身往往呈精美几何，有着张扬的视觉冲击力，跟环境的关系是"碰撞"的、强调对比的。而另一种极端则是主张让建筑"消失"的设计哲学，讲究把建筑极致、有机地融入环境，成为地景的一部分。"偏中性的"就是不同程度的"灰色"理解，它们既追求建筑本身逻辑的自洽性、体量形态的完善性，又寻求在建筑和场地环境之间建立某种或抽象或具体的联系，形成统一和谐的形态特征。

建筑师们初到十八洞村探勘时，沉醉于层峦叠嶂的自然山色，徜徉在瓦屋相连、肌理强烈的苗寨民居间，很自觉地就想把建筑设计"灰色"理念之"灰"融入这风情浓郁的环境中，参与建设的各方也都明确提出以和谐为主调的设计取向，以符合"实事求是，因地制宜"的指导方针。

"灰色"有着无数个层次，和谐有不同的程度，可以完全"复制"当地民居，也可以只在部分构成元素上靠拢民居，比如色彩和体量，而整体的空间形象表现出现代性，所谓寓新于旧，承前启后。

回到工作室，新建建筑组决定在极为有限的时间内，以和谐为主的方针探索两种不同取向的构思思路：一种是尊重苗寨民房的基本形制，形神兼备地向传统民居致敬，而优先考虑符合其空间布局、人员动线的体量组合、空间布局；另一种则是完全采用现代手法进行构图，只求"神似"。

经过通宵达旦的推敲和绘图，在现场踏勘后的第四天，他们做出了两个初步方案。

方案一，按"偏传统"的思路，建筑采用半围合式布局，主体建筑靠南布置，东西走向的多功能厅居中，南北走向的展示中心以及村部在两翼，与小山体围合出一个尺度宜人的入口广场。而主体建筑掩映在小山体的树影之后，当人们通过前广场走上大台阶，来到展示中心前坪，主体建筑形象逐渐展开，给人步移景异的空间趣味和纵深感。建筑师们还在小山体的北侧设置演艺广场，并使其与前

村部鸟瞰图

新村部设计方案一

广场衔接。村民可在这个山峦环抱的空间载歌载舞，展现苗家风情。设计利用基地东侧与外部道路之间的台阶高差，在展示中心之下设置面向山谷的观景廊，并以楼梯与展示中心连接。参观者由西向东在展厅看展之后，可逐级而下来到观景廊，饱览山景，再由场地东北角走出。观展路线为单向循环流线，观展体验也结合了人文与自然的丰富感受。而在建筑造型上，设计采用与当地民居接近的风格，如坡屋顶、小青瓦、竹篾灰泥墙、垒石墙等，通过体量高低错落的处理，形成质朴而又轮廓丰富的本土风格，与大环境整体协调。

方案二，按"偏前卫"的思路，主体建筑坐西朝东，面向美丽的山谷风景。设计留出基址东部平地作为建筑入口广场，主体建筑没有拘泥于"模拟"村寨民居的坡屋顶，而是在考察基地内山体、入口广场以及外部山景相互关系的基础上，用一个一气呵成的大斜面形体加以呼应，用西高东低、层层跌落的灰瓦屋面造型，嵌入两个山体之间，其东面完全敞开面向山谷，而建筑从广场徐徐向斜上方延伸，产生自然的生长感，与环境高度契合。展示中心、多功能厅靠东，村部、卫生所靠西，布置在倾斜的瓦屋面下。它们之间留有超出走廊尺度的空隙，在瓦屋面的覆盖下，形成富有趣味的完全开敞的共享灰空间，其视线自由流动，为容纳多种活动的开展提供了可能性。在立面材料选择上，设计以青灰瓦为基调，穿插灰泥墙、垒石墙等本土民居材料，传达了新建筑和本地乡土建筑的情感联结。

在内部讨论中，对比这两个方案，大家几乎有着同样的观点，觉得方案一这种向苗寨民居靠拢的做法，是一种缺乏学术思想深度的"套路"之作，仿古意味浓厚；而方案二这种现代构成、大气利

用西高东低，层层跌落的灰瓦屋面造型，嵌入两个山体之间，东面完全敞开面向山谷，而建筑从广场徐徐间斜上方伸展，产生自然的生长感，与环境高度契合。

新村部设计方案二

| 小青瓦 | 木质外墙 | 竹篱笆 | 青砖墙面 | 碎拼麻石铺地 | 竹篾墙 |

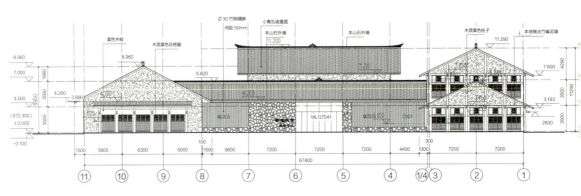

按照方案一调整深化后的设计（示意图）

菠萝格木　　　　　钢结构　　　　　碎拼麻石

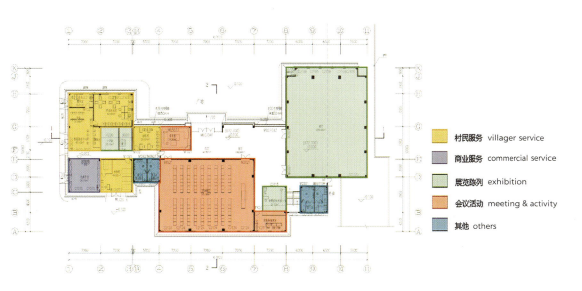

■ 村民服务 villager service

■ 商业服务 commercial service

■ 展览陈列 exhibition

■ 会议活动 meeting & activity

■ 其他 others

落的布局，才是创新之举，才能成为作品。

抱着这种认识，新建建筑组向牵头组织单位湖南省住建厅的相关领导汇报交流时着力推荐了方案二，希望以这个方案落地。然而他们得到的反馈是领导更中意方案一，同时他们还得到提示：你们在大城市做多了设计，不接地气了，要理解精准扶贫思想的精髓，一定要做得本地一点，本"土"一点。

很快，省住建厅传达了领导的最后决定，按方案一调整深化后，迅速展开新村部的实施设计。新建建筑组找来相关资料，重新学习了表达精准扶贫思想的各种讲话和阐释，以及官方媒体的相关解读，渐渐地理解了主管部门对设计方案的态度、观念。

在几天的方案生成过程中，新建建筑组从纯建筑学的角度出发，纳入思考的因子，包括地形、植被环境、村寨聚落布局、村寨单体建筑形式、材料等，但独独没有认真考虑项目精准扶贫的宏大背景。"实事求是、因地制宜"恰恰是要求本着谦虚谨慎、向本地取经的精神来展开设计，而不是建筑师个人随心所欲的表演。亲和的、贴近当地民众日常生活的设计才有可能成功，为当地群众熟悉的形式语言才能引发使用者的审美共鸣；在这里，设计师不能瞧不起仿古化的设计取向，在这里，"适合"的设计才有生命力。

让基础"脚踏实地"

十八洞村新村部的设计任务，在保证结构主体安全的前提下，务必要考虑到施工的成本及进度要求。

在拿到建筑方案的第一天，罗诚便安排张彦瑜马上熟悉图纸并进行地勘勘查点的布置，同时联系地勘单位进入现场进行设备的准备与排布。原本至少需要一个月才能完成的地勘报告，几天后便被送到了湖南大学设计研究院项目组。

根据地勘报告，拟建新村部的场地地质情况较为复杂，土层分布不均，起伏较大。关于基础的选型问题，建筑师张彦瑜向郭健、罗诚请教。新村部为两层的框架体系，单柱轴力不会太大，柱下独立基础在工程造价、施工速度等方面具有绝对的优势，但是其对地基土层有较高的要求——持力层在场地内分布较为均匀，起伏不大，且整体厚度有一定要求；人工挖孔桩基础施工工艺较为成熟，其工程造价、施工速度稍逊于柱下独立基础，但对于土层的要求则低于柱下独立基础；机械旋挖桩基础施工对于土层的把控度稍逊于人工挖孔桩基础施工，但是桩径的选择面大于人工挖孔桩，对于单柱轴力不大的建筑物，在经济性上有一定的优势。由于旋挖桩基础施工是用机械成孔，在保证器械数量的前提下，其施工速度要优于人工挖孔桩，但是也需要大型设备进行施工，对场地及周边交通状况有一定要求。

新村部项目中，基础的施工时间根据基础形式、场地的复杂度，可以占到整体施工时间的 30%~50%。郭健、罗诚与张彦瑜围绕基础选型进行了讨论，并参考地勘报告对场地土层的描述及场地的地理位置，最终拟定采用机械旋挖桩基础。设计离不开实践。因地勘报告是根据地勘点位的土层实际情况，并将间隔在 10~20 米的两点之间进行理论上的连线，进而对整体场地的土层情况进行大致的分析得到的结论，不排除实际土层情况比地勘报告上的要复杂，所以还需要根据施工方现场的开挖情况来验证设计方案是否能完全实施。若出现土层分布比地勘报告复杂的情况，设计方应马上配合响应，如有必要，需马上出具修改图纸，不能影响施工的进度，更不能影响到整个扶贫项目的推进。

现场开工后的第二天，晚上 10 点，张彦瑜接到了十八洞村新村部施工方技术负责人的电话。根据现场开挖的情况，已开挖的几个点位，土层分布较为平坦，持力层埋置深度较浅，考虑到施工进度及成本的要求，施工方希望能将旋挖桩基础改为柱下独立基础，但是施工方单方面拿捏不准，希望张彦瑜第二天能去现场进行考察，并进行讨论。为了不耽误进度，且保证行车安全，当天晚上张彦瑜联系同事侯迪西、欧阳涛，次日清早一起开车前往十八洞村。

他们三人第二天早上 7 点出发，中午 12 点到了现场，来不及吃中饭，就直接从施工办公室步行至工地现场进行考察。根据已开挖的土层实际情况，持力层埋置深度均在 1 米左右，可以达到采用柱下独立基础施工的要求，他们考察一圈后马上组织施工方、监理方召开了情况讨论会，摸清了问题。他们提出了处理意见：施工方继续对未开挖的点位进行开挖，并及时向设计单位进行汇报；张彦瑜一行人会后马上赶回长沙，进行基础设计方案的修改。若未开挖的点位开挖后，土层情况复杂，持力层埋置深度较深，则基础施工可按原设计方案实施；若未开挖的点位开挖后，土层情况分布与已开挖点位的相似，则按修改后的柱下独立基础设计方案进行施工，这样就可以完全满足施工进度的要求。

在工地食堂简单吃了点东西填肚子后，张彦瑜三人便急忙开车赶往长沙。从工地现场到高速入口有一段很长的蜿蜒的山路，且精准扶贫项目在全线推进，工地旁有大量开挖出的片石来不及被清理干净，张彦瑜的车胎不知在哪一段路被划破了。当快要驶出山路时，汽车的显示屏上传来车胎胎压报警的警示。不说还有 5 个小时的路程，就是在高速上开着瘪胎的车也是相当危险的事情。

情急之下，三人记起出了山路快上高速的地方有个汽车维修小店。抱着试试看的心态，他们强行将车开到了那个看上去有些破旧的小店。当三人在和小店老板的交谈中透露出他们是精准扶贫项目成员时，小店老板无比的热情，先是安排他们坐下休息，沏上茶水，然后马上叫上徒弟一起修车，修好车后他硬是分文不取。他说他有个堂兄就在十八洞村，大家来帮扶十八洞村，就是在帮扶堂兄，他代表堂兄为大家解难理所应该。张彦瑜三人回到长沙后立即进行基础设计方案的修改，并将修改后的电子版发施工单位，没有耽误施工进度。

做旧如旧，"接地气"的工艺

端正了认识之后，在新村部设计过程中，建筑师们朝着"土""接地气"的方向继续深化方案一。建筑主入口前的广场，原来设计的是整齐的麻石铺地，现在改成碎拼麻石，这样显得更为自然；路口的演艺广场取消砖石铺装，就用泥地加石子装饰（中间甚至可以长些杂草）；原来的舞台改为村民们能随时起舞的坪地，这样更加贴近生活；停车场一侧的商业门面只保留柱子和坡屋顶，变成透空的敞廊，如同苗家赶集的长廊一般亲切……

新村部碎拼麻石广场

就在深化调整方案的同时，施工图的绘制也在紧锣密鼓地展开。时间紧迫，只有一个多月的土建施工期，施工单位在焦急地等待，竣工时间是不可更改的，迟一天交图就少一天施工时间。建筑师们每天都能接到施工单位项目经理的电话，或催问交图时间，或询问方案中一些材料的运用，等等。工期传导给新建建筑组设计师们的压力是巨大的，而这建筑的设计却不是那么简单的事。

虽然新村部的外在形态乍一看就像苗寨民居一样，可它的尺度和民居却不在一个量级：400多平方米的精准扶贫展示厅，350平方米的村民培训学习室，都是单一的无柱大空间，在这样大的空间上盖坡屋顶，可不能用民居的木屋架，否则，施工周期、防火要求都没办法满足。时间短促，混凝土结构被直接否定了，于是只能用钢结构屋顶。而屋顶是"接地气"的冷摊青瓦，又怎样才能和钢结构牢靠地结合呢？保温材料又怎么在它们之间固定呢？没有标准图集，没有类似的工程做法，只能靠自己研究新的构造方法。设计师们经过研究，同时和施工单位沟通，听取实践者的相关建议后，在很短的时间内就敲定了屋顶的构造形式，同时迅速提供图样交给钢结构厂商进行二次设计并及时下料。

在短促的施工过程中，赶工期与保效果的矛盾始终相伴而行，现实条件的限制往往反过来作用于设计。许多原设计构想面临调整，需要寻求替代方案。

2018年7月27日，新村部施工图刚绘完，还没来得及校审，新村部项目组负责人丁江弘就先把电子档发给了中国建筑第五工程局有限公司（以下简称"中建五局"）项目经理陈孟鸿，并打电话告诉他仅用于施工准备，这份施工图还不是正式的版本。

自从两周前开始做施工图，丁江弘每天都能接到陈孟鸿的电话问候，中心思想就那一个：图纸什么时候出来啊？能不能提前？总共 100 天出头的设计与施工期限，设计时间多花一天，施工时间就少一天，作为项目经理的陈孟鸿能不急吗？

新村部墙体设计采用的是当地特色的竹篾灰泥墙以及原木拼板墙面。但在施工前期，这种方案也需经过详细调研。

"我们找当地老乡了解过了，那种竹篾灰泥墙已经没几个人会做了，就是找到人来做也会大大超出工期，如果用原木拼板墙面，也没有足够的资源，光是找到材料都不知道要多久啦……"两天后陈孟鸿带来了坏消息，打消了丁江弘全部使用乡土外墙做法的念头。在电话里经过一番商量后，丁江弘考虑到新村部的公共建筑属性，其对耐久性是有较高要求的，他决定只能用质感涂料代替竹篾灰泥墙，用菠萝格木做旧工艺取代原木拼板墙饰面。这样，斑驳粗糙的质感同样传达着野趣和自然味，而更重要的是其具有较高的耐久性，且施工的方便快捷。

没两天，总承包方找来了一家菠萝格做旧的综合供应商，拿到设计图电子档后，供应商的工程师信心满满地对丁江弘说："我们最近刚在张家界做了一个仿古商业街，效果非常好，过几天我给你看深化效果图，包你满意。"丁江弘心里犯起了嘀咕，脑中浮现出那些极尽堆砌烦琐、雕饰满布、热热闹闹的仿古商业楼，于是叮嘱对方，千万别玩过头，主题是精准扶贫，一定要节制。对方满口答应。

当看到供应商发来的外墙深化设计效果图后，此前的将信将疑得到了证实，墙面装饰过于烦琐、表演过多：正门屋脊加上了大大的脊饰，两翼人字墙上贴了密集的梁枋格构。供应商还自作主张把入口大门屋顶局部延伸形成门斗，门斗下是满满的木格转轴门……

"太琐碎了，我讲的要求你没听，你这是巴不得所有墙面都是菠萝格吧？"

"这挺好的呀！本地的民居山墙上就是有很多穿枋的。"

"我们设计的这个建筑只在色彩和坡屋顶形式上呼应民居，尺度和形体组合是自己的，不可以套民居的尺度，这不是模仿，是抽象和提炼。"

"穿枋太稀了会不好看哦。"

"比例好不好看我负责，你按我的要求做，那个大的脊饰去掉，就用瓦片搭接的简单脊饰，要缩小一半。那个凸出的门斗和屋檐也要恢复成原来凹入的设计……"

又修改了两轮，供应商的效果图总算达到了丁江弘的要求。于是厂商开始绘制正式的 CAD 立面图。丁江弘对立面图再核对了一遍，才交付工厂进行放样加工。加工完毕，正好赶上土建主体基本完工，没耽搁一点施工进度。

随着新村部的开工建设，施工现场的新问题就这样接踵而至，设计师们的节奏也在出图和改图之间循环，工作场景也在办公室和新村部工地之间来回切换。施工图设计其实包含着无数个小的方案设计，只有用积极的、创造的心态和思维去面对，冒出的问题才能一个个迎刃而解。

建筑师的责任与义务

轮流在十八洞村驻场的设计师们，在山路上来回奔波，在现场重复往返，在协调中解决不同的问题，这些触动了他们深层次的思考。

接受驻场设计任务时，王欣因为家庭因素不得不拖家带口进驻十八洞村。而建筑设计专业出身的她，并没有因此耽误本职工作，反而因为敬业的态度和专业的精神，得到了现场施工队伍的一致推崇和信任，不知不觉就成了现场的"活"规范，即使是在项目部办公室中午休息期间，也依然会有人时不时敲门来咨询。为此，王欣还笑称自己应该获颁施工现场本周最佳红人。

连日现场转下来，王欣感觉到十八洞村施工现场地势复杂，建设范围局促，要求也比较高，因此施工细节完善度成了她每日必检的项目之一。即便是以往建设完成的地方，王欣也会去走上一圈，看看有没有遗漏或者隐患之处。广场开口有点大的树洞、没有完全闭合的防护栏杆，都引起了王欣的注意，她再三叮嘱现场施工员要对已完工建设区域进行安全防护复查。

岁月痕迹浓厚的木构建筑，民族气息浓厚的连绵民居，满脸皱纹的留守老人和天真无邪的孩童，在新建成的广场、建筑之间新奇踱步的村民……所有的场景都成为时光的胶片，留存在了王欣的脑海里。

风雨廊中，坐满了乘凉聊天、售卖特产的村民——这是王欣在最后一个驻场服务日的清晨看到的一幕。这一幕，也触动了王欣：

即使是分散居住在各村的村民，也还是需要沟通交流的场所。不仅仅村民们的物质生活要通过政策扶持慢慢丰富起来，村民们精神生活的建设，也需要通过多方面的引导日渐多姿多彩。设计师们所带来的图纸，多半也是基于人文特色与适用、实用之间的设计平衡点而不断衍化的成果。立足于生活而高于生活，引导而不是尾随，可能这就是设计的魅力所在。作为精准扶贫的基地，政策指导者们必然是深知"授人以鱼不如授人以渔"的道理的。祖祖辈辈靠山吃山的村民们，必须借助社会多方面的力量，发掘出这块土地的潜在价值，从根本上改善他们的生活。

如果十八洞村的规划经验可以复制，如果十八洞村建筑设计处理方法可以作为模板推广，那么在这场全国范围内的脱贫攻坚任务中，至少设计这个环节，貌似可作为的空间还很大呢。

设计师们明白了十八洞村援建的重要性。同时，他们也对自己的工作有了更深的思考，第一次从民生角度反观职业生涯里更为深刻的意义，也从第三方的角度，开始反思作为建筑设计者的责任与义务。

是否适用？有多少可以改进的地方？这一系列问题，当设计师们返回设计落成地的时候，使用者们最终会以他们的选择来告诉设计师答案。

设计是一个没有绝对对错的选择。但是设计师绝对可以在技术的引导下，使设计更具备人性关怀而非求异争先，比如，华而不实的景点不如遮阴纳凉的风雨连廊。

王欣，只是十八洞村驻场设计师的一个缩影……

设计师们相信，即使设计院人员更迭，可十八洞村和他们曾经发生在十八洞村的故事、踏勘在村里的脚印、洒落在现场的汗水，都会成为难以磨灭的印记。而他们和新来的同事，也会继续定期前往十八洞村，持续这一份关注与反思。

适用经济，绿色美观

一百来个日夜，十八洞村新村部就从笔下跳到了美丽的山野间。这的确是一次不同寻常的设计活动，1800 平方米的小项目设计，提升和改变的是新建建筑组设计师们的大设计观。

新村部选址很关键，从方案的选择到最后确定，是将在价值"链"上达成的共识落实到技术层面上。新村部规划选址在村域中心、两寨之间、三路交叉的地方，这里成为新的群落中心，很好地演绎了一个乡村空间重构的案例。

新村部主体建筑延续了瓦屋相连、肌理强烈的山居特色，采用分散错落的坡屋顶，从远处看，像是三四栋苗族建筑相连的建筑群体，而不是一栋单独的建筑。在材质运用上秉持"土""接地气"的思路，采用传统的建筑材料元素，形成质朴而又轮廓丰富的本土风格，传达了新建筑和本地乡土建筑的情感联结。新村部设计体现了乡村空间重构的社会、经济性问题，比如：如何尊重当地的空间基因和文脉，让新旧建立起情感的联系；如何在不同的逻辑和价值观中，寻找到最大的公约数，做适合的设计。

设计要讲"文脉"，这是设计师们进入大学接受专业训练以来一直被强调的，但长期以来，设计师们所熟悉的是对当地地形、既有建筑、文化习俗的分析研究和梳理，以形成设计的基底骨架。十八洞村新村部的设计活动拓宽了建筑师们的视野，令他们了解到还应从广泛抽象的范畴，比如政治、经济、文化，去加以考虑和提炼，设定设计的基调。

新村部设计，就是抓住精准扶贫的"精准"二字，因地制宜，做适合的设计。在设计创意思维的发挥上，要把握好度，适合就好，如果用力过猛，建筑师自己可能满意了，群众、使用者却看不懂，没有归属感，不满意，这就很难说是成功的设计。成功的设计应该是找到最大公约数的设计，是适合的设计。

早在1953年，周恩来总理就提出了"适用、经济、美观"的中国建筑设计的大方针；而在20世纪90年代，中国建筑大师关肇邺也提出过"重要的是得体，不是豪华与新奇"的思想理念。改革开放40年来，特别是中国GDP总量居全球第二位以来，经济大发展极大地改变了中国城市的面貌。在表达雄心的驱使下，一大批"高大上""新""奇""怪"的大型建筑被催生了出来，以非线性、表现张扬、曲面玲珑的设计而成名的设计大师们受到极大的追捧。这些无不刺激着国人的眼球，吊高了国人的审美胃口，也钝化了人们对朴实美的感觉。这种追求时尚高端的建筑审美也在向三四线城市乃至乡镇传播，吞噬着乡村空间美的秩序。通过十八洞村新村部的设计实践，回看这"适用、经济、美观"以及"得体"的"古老"原则，设计师们更深刻地体会到这三原则的含义和有效性。这三原则对今后的工作，尤其是乡村建筑的设计工作，具有非凡的指导意义。

依山就景的思源餐厅

近年来，十八洞村游客数量快速增长，越来越多的村民自发地办起了小型农家乐，分享着旅游产业发展壮大的红利。然而由于场地大小等方面的条件限制，很多游客并没有选择在村里就餐，而是舍近求远到村外餐馆就餐。于是，村"两委"开始谋划利用村集体经济结余资金，在驻村规划师工作坊的帮助下，开办十八洞村第一家村集体自主建设和经营的餐厅——思源餐厅。

2019 年 4 月，双龙镇派驻村干部王本健给驻村规划师尹怡诚发来关于思源餐厅设计的诉求。通过多方讨论和广泛征求意见，在提前评估了建筑结构条件、排水、污水处理等因素的前提下，思源餐厅最终选址于新村部下方空置的 700 多平方米的长条形空间，可同时容纳 380 人就餐。选址在此，一方面，可以利用闲置的室内空间，从而节省大笔的征地和建设成本；另一方面，新村部作为主要的游客集散地，餐厅功能的植入将极大提升旅游服务能力，节庆时期还可组织苗族美食长桌宴，这可以成为特色旅游产品之一。于是，在选址问题上，村"两委"与规划师等达成了共识。

对于十八洞村，思源餐厅不仅仅是一个提供餐饮功能的服务设施，更代表着十八洞村的集体形象和品牌，因此不能轻视思源餐厅的整体设计。因思源餐厅的设计重点在室内装修和功能分布，尹怡诚专门邀请了湖南大学设计研究院室内设计研究所加入餐厅设计工作中。

室内设计研究所负责人石健、颜青青带领设计师们对思源餐厅现场进行了考察调研。通过实地调查，室内所设计团队发现餐厅选址有利有弊。不足之处是：因餐饮空间对于人流动线分区及通风采光的舒适性要求较高，而思源餐厅的选址位于新村部建筑的半地下，一面靠广场，另一面靠山坡，建筑的形态又为长条形，其场地条件不利于人流分区设置，且存在一面无法通风采光的场地缺陷。同时，室内所设计团队发现其选址也有足够的优势：餐厅邻坡的一侧东面视野开阔，是风景秀美的山谷，有着独特的环境优势。

室内所设计团队结合现场建筑及基地地势，通过模型推演，把建筑场地的不利条件转化为优势。设计中强调入口门头的苗族风格门楼形象，把邻坡面作为主就餐区域，而将无法采光通风的半地下墙体区作为厨房等配套功能区，把最好的采光和视野留给客人，让客人在就餐的同时可以欣赏当地的秀美风光。

设计师们在对十八洞村进行研究后总结出，十八洞村有着生态原始、村民古朴、文化神秘、风景奇秀的独特优势。在这样一个像凤凰羽毛一样迷人的地方，室内设计研究所的设计师们充分发挥自己的创意，也结合本地的民族文化特色，秉承着思源餐厅设计上的营造原则：依山就景，融入自然；古料新用，就地取材；尊重文化，融入苗族风情。

自然地理环境的意境是人为无法达到的，而环境又是体现餐厅品质的重要因素。作为旅游地，得天独厚的自然环境才是能够持之以恒吸引游人的前提。思源餐厅在位置的选择上正好融合了自然之道，取天然之势，成人工之美。

思源餐厅的营造需要对本地条件进行细致的梳理，并对其加以利用。在方案设计的初期，室内所设计团队就研究当地的建筑形式及材料的构成，选用当地容易获取的木材、黏土砖、青瓦等作为主要材料，由经验丰富的老工匠精心地加工制作。

室内所设计团队的初心在于体现餐厅的"在地性"，十八洞村有着鲜明的文化地域性特征。苗族风情的入口大门，回归本土的座椅，古朴的吊灯，以及墙上从农家收集来的蓑衣、簸箕、玉米等挂饰，无不言说着本土文化的内涵。

在餐厅大门及室内装修建设中，村"两委"特意请来了经验丰富的当地老匠人做总参谋，传统工匠与设计师们合作互补，引入了苗族传统的建筑技艺和建筑表达形式，既契合新村部的整体风格，又不遗失苗族传统的文化韵味。

正是基于这样的目标，室内所设计团队从一开始就关注可持续

思源餐厅

文化发展所强调的"文化-民生-经济"的基本原则。

思源餐厅室内设计的出发点在于对可持续文化挖掘的思考。在这个室内设计项目里，文化、民生、经济三者有着同样的重要性。

从文化的角度来说，思源餐厅项目充分就地取材，既选择了传统的本地苗族工艺，又融入了现代餐厅应具备的功能，整体风格和材料运用与新村部相得益彰。餐厅利用本土的材料，融合苗族传统文化，力求寻找一种可以复制和延续十八洞村文脉的建筑模式来呈现就餐环境。

从民生的角度来看，餐厅的设计及建成给本地村民建立了一个就业和创收的场所，功能上是为了响应党的精准扶贫政策，让村民融入乡村建设、发展自己的家园中来。而随着项目的建成，它引发了越来越多的群体对民生发展的关注。

从经济的角度来看，所有的设计都有其对商业的思考。在室内设计的最终呈现上，思源餐厅引发了不同维度的经济效应：通过利用现有资源，鼓励村民参与到餐厅的运营中来；通过持续的运营获得持久的经济收入，增加村集体的经济来源。

可以说，思源餐厅的设计与建设充分融入了苗族风情的理念。

思源餐厅建成后，村主任助理刘苏博士成为思源餐厅管理负责人，全程参与到餐厅招募、经营、管理工作中。这是刘苏第一次做餐厅负责人，有激情但无经验，因此在与驻村规划师不断交流的同时，他一方面从餐饮管理的书本中学习知名餐饮企业的管理秘诀，一方面向当地知名餐厅学习符合本地实际的管理办法和餐饮行业常识。根据十八洞村的规模和市场的需求，思源餐厅服务对象定位为以旅游团餐和政务接待为主，与村民自营的农家乐形成差异化发展。

在餐具设计上，刘苏还专门咨询了规划师的意见，把十八洞村logo用在了餐具上，定制了一套专属于十八洞村的餐厨用具。未来游客在用餐的同时，还可直接购买餐具作为纪念品。

有别于农家乐，村集体开办餐厅需要细致衡量管理成本和收益，同时也面临经营方式的选择。将餐厅承包给专业餐饮机构，村集体收取场地租金是最省事、管理成本最低的方式，但村集体收益较低；而村集体自主经营，虽管理成本较高，管理人才比较缺乏，但收益相对较高，还能为村民创造一些就业岗位。因此，思源餐厅探索了一种适合村集体自主经营的低成本、高收益管理方式。

根据餐厅规模和游客数量，刘苏对员工的类型及数量进行分析，餐厅需大厨1名、副厨1名、收银员（兼财务专员）1名、服务员2名，另外还需招募若干临时工。为了激发村民的内生动力，员工招聘采取公开招聘的办法，通过村务公开、村级微信群进行宣传。根据岗位类型的不同，餐厅采取不同的竞争上岗办法。对于厨师，采取了厨艺比武的办法，通过综合考虑厨艺、待遇要求等条件最终确定了大厨及副厨人选；通过试用确定了收银员及服务员人选。

思源餐厅的营业为当地增加了五个在家就业的机会，尤其是服务员，聘用的都是十八洞村村民。"在家门口就业的服务员"们时刻想着怎么把餐厅建设得越来越好。他们自发从山上挖来51棵野生树苗，种到餐厅周边的空地里，美化了餐厅的周边环境。

执笔人：丁江弘　田长青　王　欣
张彦瑜　王文蒨　石　健
刘翰波　周正星

十八景，
点与线的旋律

　　景观组对四个寨子的景观提质改造进行精准定位，分类指导，使乡土与传承相结合，并以因地制宜、就地取材、控制成本为原则，通过构建一廊两园四寨的景观空间结构，打造了独具特色的"十八景"，创建了"小——尺度宜人""土——乡土文化""特——独具特色""优——全域美景"的乡村景观，实现了空间最优化、环境生态化、文化活态化、业态多样化、设计人性化、服务标准化。

梨子寨手绘图（绘制：王佳琪）

接到省住建厅的十八洞村村容村貌提质改造设计任务后，肖懋汸带领的景观组一行六人走访了十八洞村的山水村寨，从入夏到酷暑再到初秋，完成了调研—设计—施工服务的全过程。

十八洞村的四个自然村寨风景优美，但由于寨子分散，地势复杂，高差较大，景观节点地处地质灾害点，施工困难。景观组坚持以精准扶贫重要论述之"精准"思想为指导，因地制宜、精准定位，以"精准扶贫，蝶变中国"为主题，将十八洞村之蝶形、蝶翼、蝶脉、蝶心映射成"一廊联两翼、六寨齐一心"的景观空间结构，将十八洞村打造成为"精准扶贫首倡地、传统村落保护地、乡村旅游目的地、乡村振兴示范地"。

在保护原生态、乡土特色与文化传承相结合的设计理念的指导下，景观组对十八洞村四个寨子的景观提质改造进行精准定位，分类指导。乡土与传承相结合，形成了一廊两园四寨的景观空间结构，即

改造后的梨子寨

十八洞村山水立体景观廊道＋十八洞峡谷公园＋云杉漫步森林公园＋四寨（云雾梨花的梨子寨、山乡翠竹的竹子寨、田园唱响的飞虫寨、桃园山谷的当戎寨）。景观组同时采用适景营造、自然融入之手法，打造出了独具特色的"十八景"，其中包含精准扶贫首倡地广场、入村大门、新村部三大重点工程，以及感恩坪、十八花境、小张家界、十八溶洞、知青农场、星空营地、夜郎天梯、三十六湾古栈道、砂眼神泉、十八洞峡谷公园、云杉漫步森林公园、云雾梨花、山乡翠竹、田园唱响、桃园山谷等景观节点，打造出了"小、土、特、优"的乡村景观。

小——尺度宜人。在村寨的村容村貌提质改造中，本着遵循自然、保持原生态、杜绝大拆大建大手笔原则，尽可能地保护现有的菜地、植被，处理好建筑、人和环境的空间尺度，创造出小广场、小园路、小景观，融于建筑，融于山水。

田园小游道

土——乡土文化。乡土文化是乡村景观建设的文化根脉，传承和保护十八洞村的乡土建筑、人文风情，在景观节点、园路铺装、小品构筑物的设计上，挖掘出地域特色元素和符号，运用原生态的石、木、竹及乡土植物，提升环境品质。就地取材、控制成本，运用老材料、老工艺进行新创造，打造出"看得见山、望得见水，记得住乡愁"的文明美丽新乡村。

特——独具特色。精准扶贫首倡地广场、感恩坪、入村大门是十八洞村的标志性景点，也是独特的人文与自然相融合的景观。提质改造后的标志性景观节点——精准扶贫首倡地广场、感恩坪、入村大门、新村部成为网红打卡地，吸引了大量的游客，促进了十八洞村的经济发展，增加了当地村民的收入。

优——全域美景。景观组按照苗族聚居建筑风格，完成全村房屋立面改造设计，恢复传统的民居风貌，提升景观功能，并坚持按景区打造、社区管理、市场经营的思路，使整村实现全域景区化。青石板、柏油路，寨寨相连，步移景异，户户有景。

"石头"记

梨子寨精准扶贫首倡地的设计，是村容村貌提升工作中四大重点工程之一。湖南省政府和湘西土家族苗族自治州政府对此高度重视，从场地选址到表现形式及石碑材料的选取、运输、安装等，都需要设计团队与各部门保持密切的联系和沟通。

设计方案数易其稿，选址从梨子寨入口的精准扶贫广场调整到当年习近平总书记与村民召开座谈会的地方。为了寻找纪念石碑的原石，设计师跟随省住建厅的领导寻遍湘西和长沙的石头场，历经千辛万苦才在长沙同升湖找到这块珍贵的"千年红"。

由于场地存在地质灾害隐患，设计团队和地质灾害整治团队组成联合工作组，根据现场实际情况多次调整设计和施工方案，才使得工程圆满完成。

自2013年11月习近平总书记考察十八洞村后，村民们就在梨子寨的寨口设置了一座"精准扶贫"的纪念石碑，以纪念习近平总书记到访考察十八洞村这一重要的历史事件。纪念石碑位于约1.5米高的台地上，其前面是停车场，一边通往梨子寨，一边通往精准扶贫展览室。因纪念石碑位于交通要塞上，每天在此拍照的游客络绎不绝，交通干扰较大。

2018年7月2日，景观专业负责人肖懋汴接到任务后，在邓铁军、罗学农的带领下，与省住建厅的领导们一行出发来到十八洞村进行现场考察。这个宁静的小山村因为考察队伍的到来而繁忙了起来。考察组对

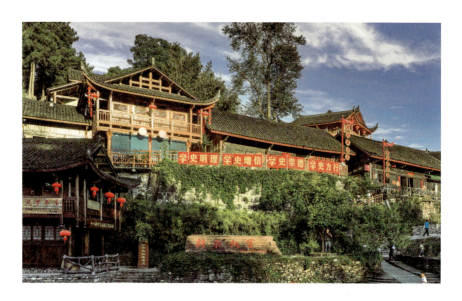

梨子寨的"精准扶贫"纪念石碑

四个村寨进行了走访，对村寨的建筑、风貌、交通、设施等都有了初步的认识，优美的自然环境和淳朴的民风也深入人心。

当天晚上，调研组成员参加了花垣县2018年第十四次常委会（扩大）会议。会议对10月30日的"深入学习习近平精准扶贫思想大会"的学习活动进行了相关的安排，其中有精准扶贫首倡地的揭碑仪式，要求对纪念广场周边的风貌进行改造。时间紧，任务重，要求高。

这么重要的纪念石碑要改造，是放在原来的位置还是换个位置？在条件有限的情况下怎么设计？肖懋汰在现场考察时就一直在琢磨这些问题。梨子寨入口广场的东边是高山峡谷，景致优美，于是她当场便提出将纪念石碑的位置旋转90°，移到停车场东边，使纪念石碑与周边的环境有机地融合，并可以有效地疏散人流。

为了赶在7月4日的十八洞村村容村貌提升工作会议上汇报初步方案，肖懋汰和景观组的同事连夜在酒店做了三个纪念石碑的方案。

纪念石碑的设计理念结合十八洞村的故事，总棱长是20.13米，总重量是11.3吨，用以纪念2013年11月3日习近平总书记到访的这个重要时刻。石碑下面散置了18块大小、形态各异的小石头，象征着十八洞村村民紧跟党中央的步伐。而纪念石碑上的题字是"精准扶贫"还是"精准扶贫首倡地"，景观组决定每个方案都做两种题字选项，以供领导选择。景观组的设计方案上报到7月5日、6日由省住建厅组织的十八洞村村容村貌提升工作会议，会议决定由上级主管部门审定。

7月11日下班后，肖懋汴接到了罗学农的电话通知，便马上赶到省住建厅开会。会议传达了当天下午省委主要领导对十八洞村村容村貌提质工作的重要指示，会议肯定了湖南大学设计研究院的设计方案和设计理念，但建议将原来梨子寨精准扶贫广场的石块保留，重新设计一块新的纪念石碑放到精准扶贫论述地，即习近平总书记访谈过的村民施成富、龙德成家门口。这块场地原是龙德成家的前坪，房屋旁边是一块菜地。

重新选址和设计。7月12日上午，省住建厅召开了工作协调会，十二点会议结束以后，省住建厅的领导单独与肖懋汴讨论纪念石碑的拟选位置。习近平总书记访谈处位于梨子寨的小山上，只能通过很窄的游步道上去，且处于地质灾害点。此处地质结构能否承载总质量为11.3吨的石碑，石头如何运上去，未来的游客量能否容纳，诸多问题都非常棘手。重新选址牵涉的问题较多，因此急需到现场确定。省住建厅通知肖懋汴一点半出发去十八洞村现场，对新定位的纪念石碑广场重新选址。时间紧急，她来不及吃中饭，立马回家收拾了换洗衣服，随省住建厅的领导们一同前往十八洞村。

在现场，肖懋汴与刘军仔细地勘察了地形地貌，并就拟摆放精准

精准扶贫首倡地广场手绘图（绘制：王佳琪）

扶贫石碑的挑出平台下的结构开裂问题和地质灾害问题向罗诚汇报和请示，在得到可以通过结构加固的答复后，肖懋汴与省住建厅的领导就纪念石碑的摆放方位、角度、朝向做了多轮沟通，并与村委及各部门多方举行协调会，听取了多方意见，本着遵循自然、杜绝大拆大建大手笔的原则，最终确定：先处理地质灾害隐患，再进行广场扩建，以原生态为主，尽可能地保护现有的菜地、植被，保留习近平总书记到访的场景；将广场往南扩建3米，在扩建的广场下利用架空高差增加厕所的设置，解决广场的配套功能。

根据领导的指示，肖懋汴和吴余鑫、刘军等团队成员负责对精准扶贫广场进行提质改造设计。景观组在设计方案中注重景观与环境的融合，注重保护生态和文化资源，着力打造三个小——小而土、小而特、小而优的乡土风，即以保护自然环境，保护传统村庄，弘扬红

精准扶贫首倡地广场效果图

色文化，传承地域文化，塑造十八洞村精准扶贫首倡地品牌形象为目标，打造"小、土、特、优"的生态宜居环境。方案历经数稿，层层上报，最终通过的方案既保留了龙德成家的菜地，又通过挑出平台拓展了纪念广场的面积和视野，挑台下增加的厕所则解决了广场的功能需求。

8月16日，省住建厅主要负责人在省住建厅三楼党组会议室召开会议，专题研究十八洞村精准扶贫广场的地质灾害治理、设计、施工的相关事宜。8月17日，省委相关领导指示将新定位的纪念石碑广场命名为"精准扶贫首倡地"。

纪念石碑的选择与挑选。精准扶贫首倡地的方案已定，纪念石碑是个非常重要的元素，前期就纪念石碑的摆放方位、角度、朝向，设计人员与各方面做了多轮沟通，并最终在现场确定下来，定的是习近平总书记座谈时的位置，并选择拍照时的角度。

关于石头的尺寸和颜色，虽然设计师在设计中确定了基本的要求，但是成品的效果需要采购来把握。最初设计师对纪念石碑颜色的考虑是灰色调为主，以求石材色调与环境相融合。当时肖懋汴一行在花垣县当地没找到合适的石材，却在长沙湾田国际建材城选到了意向颜色的石材。石材是可以加工的，设计师在意向颜色石材的基础上做了多种字体的方案，但都被否定了。

方案会上领导建议选用花垣县当地的石材，且其颜色以亮（黄）色调为最佳。而花垣县当地的石材多以红砂岩为主，颜色暗沉，易风化，基本上找不到合适的石材。这时，有人在花垣县城附近找到一块石头，造型与规划师设计的十八洞村的村标很像，类似两个人手牵手，携手共进。肖懋汴急忙赶到现场察看，同行的还有中建五局的负责人。石头造型比较特别，适合放在庭院内做景石，但是他们认为用在这种重要的庄重场合，是比较容易引起争议的，因此建议继续寻找。最后把寻找的范围放宽到了湖南省全境。

8月31日早上，肖懋汴跟随省住建厅以及湖南大学的领导，从长沙湾田国际建材城开始挑选，继而辗转多家石材店，看到亮色调的石材多以晚霞红为主，非常普通，且颜色鲜艳不够稳重庄严，效果与设计的场景并不吻合。大家感觉压力很大，已到8月底，与原计划的8月底石碑施工完成的进度相比已经滞后很远了，石头再不选好，后期施工工期压力会非常大。肖懋汴一行从长沙北往南，一直到长沙县暮云石材城看了多家石材店亦是无果。正准备离去时，有位石材老板说，他有块地在同升湖那边，存放了一些石头，不妨去看看。已是下午两三点了，他们匆匆吃了午饭，就跟随那位老板到了同升湖。

功夫不负有心人，最后就在同升湖的这家石材店，他们终于发现了一块石头，名为"千年红"。这个寓意就很好，彰显出了红色文化。石碑上有如祥云一般大小且深浅不一的孔洞，他们还特意数了数，正好有十八个，与十八洞村溶洞之洞洞相连有异曲同工之妙，且其长宽高与设想的基本吻合。大家兴奋不已，回去写了汇报材料，总结了意向石碑的特色，并提交了备选方案。最终通过领导和专家审定，此块"千年红"石材被确定为纪念石碑。之后，大家还就"精准扶贫"四个字的字体以及是否增加2013年11月3日字样等细节进行了多轮讨论。

　　在建成后的精准扶贫首倡地广场上，纪念石碑背靠参天大树，与有"小张家界"之美称的高山峡谷遥相呼应，如被环绕在人间仙境中，石碑、古村落、古树、高山峡谷融为一体，宛自天成。

精准扶贫首倡地广场上的纪念石碑

感恩坪

　　梨子寨入口原有的精准扶贫广场重新定位为感恩坪。感恩坪的改造重在突出"饮水思源"的主题，是十八洞村的村民对党中央、各级政府的关怀以及社会各界的支持与帮助的感激之情。感恩坪的设计保留了梨子寨的寨口村民自建的"精准扶贫"纪念石碑，并在感恩坪的东边临高山峡谷视野开阔的位置，由十八洞村村民共同捐建一座感恩

感恩石

感恩亭

感恩坪

亭，与山水、田园、村落融合在一起，别具一格。设计中对原有的广场进行了清理和整治，修复了破损的地面，采用乔木与藤蔓植物对入口的挡墙进行了处理，解决了原有精准扶贫石碑背景生硬的问题，提升了游客的游览体验。

"幸福"门

十八洞村大门是游客进入村寨的第一展示点，应具有独特的文化表征、景点美化的功能。7月2日晚，花垣县2018年第十四次常委会（扩大）会议在对10月30日即将召开的"深入学习习近平精准扶贫思想大会"的学习活动安排中，确定了四大重点工程，其中就有对十八洞村入村门楼的改造。

7月3日一早，肖懋汧在省住建厅领导的带领下对十八洞村的入村门楼进行勘察。车子沿着蜿蜒的道路驰行，尚未到村口，一个苍劲有力的由树枝盘根错节交叠在一起的门楼便映入眼帘，其古朴自然的形态，与十八洞村的村名不谋而合。这个门楼是十八洞村2013年前在湖南省民族宗教常务委员会的帮助下修建完成的，也是给十八洞村带来希望与幸福之门，具有特殊的意义。门楼是根据当时的道路宽度建造的，在2013年习近平总书记提出的"精准扶贫"思想的指导下，十八洞村的基础设施有了较大的改善，道路也由原来的小路拓宽成沥青道路，门楼两侧的环境有了较大的改善，因此，原本独具特色的门楼被周边环境孤立了。

"小肖，这个门楼要怎么改才合适呢？"在现场，省住建厅的领导征求肖懋汧的提质改造意见。肖懋汧仔细地勘察了大门的周边环

十八洞村大门手绘图（绘制：王佳琪）

境后向领导说明，门楼作为十八洞村的入村大门，造型独特，具有特殊意义，已经深深地烙入百姓心中，不宜改动。门楼的问题在于：第一，其西侧已拓宽并增加了一条非机动车道，这使得门楼的西侧过于空旷，没有形成树洞状，景致显得松散；第二，大门前后缺乏植物，没有层次感，因此需要对其周边进行改造，使之与环境融合。肖懋汴同时提出两个改造方案：一是在入口西侧非机动车道边增加一棵特色大树，通过树枝的缠绕与大门交织为一体；二是在西侧非机动车道边增加一个仿树枝造型的小门楼与原来的门楼形成一体。两个方案都需要在门楼前后密植大树形成密闭的植物空间，并通过增加本土乔、灌、地被植物以增加空间的层次感，形成林荫道，营造出曲径通幽、豁然开朗的入口空间。对于这两个方案，肖懋汴比较推荐方案一。省

十八洞村大门

住建厅领导当即同意把方案一上会。

　　肖懋汴立即在酒店加班做了入村门楼改造方案，在7月4日的十八洞村村容村貌提升工作会议上做了汇报，并获得通过。随即，就门楼前的停车场设计方案及植物配置方案，肖懋汴组织景观组成员着手进行深化设计。

　　景观组成员刘羽珊主要负责大门的植物景观设计。门楼改造的方案通过后，刘羽珊跟随肖懋汴与当地林业局负责人进行了沟通，了解本土树种情况，确立了初步方案。随后，刘羽珊又与施工方一起到苗木基地选定树苗。这是刘羽珊第一次直接而迅速地接触到自己的设计成果，还学习到了苗木种植的知识，这让她对景观设计有了更深入的理解和认识。

十八洞村村民之间流传着这样一个信念：门楼建成了，习近平总书记就来了。习近平总书记和乡亲们共谋脱贫致富之路，并作出了"精准扶贫"的重要论述，在驻村工作队和村"两委"的带领下，十八洞村脱贫了，踏上了致富之路。门楼的建成是个好兆头，它就是幸福之门啊！

十八花境

进入十八洞村大门不远，就是游客服务中心，附近还修建有一个游客停车场。

在十八洞村的游客服务中心与停车场之间，有一个高差很大的坡地，密蔽着杉树、枫杨、厚朴。为了加强游客服务中心与停车场的联系，景观组在这里设计出一条蜿蜒的青石板游步道，并在游步道两侧布置种植了当地特色的野花，如鸡冠花、鸢尾、紫茉莉等等，每到开花季节，鸟语花香，莺歌燕语，意境唯美，颇富浪漫色彩。

"小肖，游客服务中心到停车场的游步道，你帮忙想一想，取个什么名字好？"这一天，景观组组长肖懋汴接到了省住建厅易小林的电话。

未等肖懋汴回答，易小林继续说："这条路是蜿蜒向上的，我想以十八洞村的十八来命名，像山歌唱的十八道弯。但是十八后面用什么词比较好呢？"

"我们在这个坡上种的都是当地的花，我建议就叫十八花境吧。有两个字可以用，一个是境界的境，一个是路径的径，建议采用境界的境，我们做的也是种意境。" 肖懋汴回答道。

"十八花境……就这么定了，我觉得很好！"易小林在电话里高兴地说。

十八花境采用休闲栈道的形式，任由野花自由生长。为了做出这条十八花境，肖懋汴与当地旅游公司的彭勇总经理多次沟通，调出了游客服务中心的设计单位的设计图纸，将花境的入口与游客服务中心对接，并在花境的出口设计了公共厕所、休息长廊等，完善了游客服务中心和停车场的配套设施。

乡村景观设计旨在对本土基因进行隐性传承和显性表达，对于村容村貌提升和美丽乡村建设均有十分重要的意义。

十八花境改造效果图

十八洞村村寨改造后景观图（摄影：屈远）

景观组通过景观提质改造的十八洞村之"十八景",充分挖掘出十八洞村的红色旅游资源和自然资源,并通过对景观环境的综合治理,实现了空间最优化、环境生态化、文化活态化、业态多样化、设计人性化、服务标准化;同时丰富了游客的体验,提升了十八洞村的红色旅游品牌的知名度,吸引了大量的游客。

一百个日升月落,日夜更迭,景观组的六个成员忘不了十八洞村那繁星满天闪烁的遥远,忘不了那彩云如海天空的湛蓝,忘不了那意气高昂满怀的热情,这将成为他们人生中美好的记忆。

执笔人:肖懋汧 吴佘鑫
焦 璐 刘羽珊

乡村文创，
产教融合结硕果

文创组由高校师生团队依据"产教融合，协同创新"的实践模式，深度挖掘十八洞村民族、地域、历史等文化内涵，为四个村寨完成了景观艺术小品、文创旅游纪念品、农产品包装等设计。这些设计成果不仅取得了国际艺术设计大赛奖项，提升了十八洞村的文化影响力，为十八洞村文创产业发展提供了设计支持，为树立"中国设计"的乡村品牌起到助推作用，而且为培养本土设计人才开拓了以高校师生团队为主体的协同培养模式。

乡村振兴，既要塑形也要铸魂。深度挖掘十八洞村民族、地域、历史等文化内涵，设计文化创意产品，探索"文创兴村"的发展路径，可以助推文明乡风、良好家园、淳朴民风的形成。

湖南大学设计研究院组织的十八洞村规划设计精准扶贫队伍中，就有一支高校青年教师邓世维组织的由艺术设计专业大学生组成的文创团队。

他们怀揣着无限的创意与热情投身到设计实践中，对十八洞村苗寨的苗绣、图腾、传统手工艺、民俗活动等文化内容及其对应的艺术形象元素进行了梳理、展示和创新设计，通过"产教融合，协同创新"的实践模式，组织高校师生设计团队与企业、乡村艺人、乡村合作社进行协同合作，以文化创意设计作品的形式对十八洞村苗寨丰富璀璨的文化物质形态和人文特色进行传承与创新。

产教融合，协同创新

邓世维是湖南工程学院设计艺术学院的一名教师，她建立的智博艺创环境艺术研究中心，与湖南大学设计研究院签署了产学研战略合作协议，中心有10余名出类拔萃的学生与指导老师一起组成文创组，共同参与了这次十八洞村设计扶贫的实践工作。

如何充分发挥现有的设计优势，为设计扶贫做出具有现实意义的贡献？在参与十八洞村设计扶贫之初，这个问题一直萦绕在邓世维的脑海中。经过与合作企业就设计任务的沟通与了解，邓世维发现规划、建筑、景观都已经安排了非常成熟和具有实践经验的团队来组织工作，所以她觉得："既然规划、建筑、景观这些大格局的工作已有安排，那就从一些细节的景观形象和文化创意设计上深化完善吧！"邓世维结合自己以往参与过的广西壮族自治区白裤瑶村、益阳市桃江县农庄、安化黑茶包装、新化县傩面具旅游产品等乡村设计案例，确定了两个设计方向：第一个方向是结合高校环境艺术设计专业教学，做一些景观方面的标识、小品和配套设施设计，而这也正是当下景观设计专业需要配合和完善的工作；第二个方向是结合以往对文化创意产品设计的经验，深入挖掘十八洞村的文化资源，为当地手工艺品、特色农产品提供符合当下市场需求和现代审美的设计创意，打造民族文化品牌。

确认好工作内容后，邓世维及时向湖南大学设计研究院城乡规划与设计研究所汇报了工作安排和成果形式，并说明了工作组织形

十八洞村方案设计研讨会

式，即以高校设计团队的形式开展设计工作。其一，指导教师负责组织安排大学生的各项工作，以突出大学生设计创新、创意和深度挖掘十八洞村民族、地域、历史文化内涵为特色，进行景观标识、小品、配套设施形象设计和文化创意产品设计；其二，文创组依据大学生的课余、假期和实践时间安排工作部署，适当结合相关课程部署设计任务；其三，采用多管齐下的设计实践形式，根据实际情况安排现场调研，邀请企业设计师讲解分析十八洞村的相关情况，严格计划设计进度，建立"设计主线定位—设计方案成稿—设计优化和说明"三阶段的指导方针，设计过程中确定了"三天一次专题谈论和一周一次综合讨论"的会议制度，每周会议都有湖南大学设计研究院设计师参与并提出中肯的建议，高校教师则负责记录学生每个阶段设计的问题，督促和指导学生对设计作品进行及时修改。

设计方案落定，文创设计就此发轫。

9月的一天清晨，指导老师邓世维带领6名学生驱车前往十八洞村，开始了十八洞村文创调研。

春天的细雨，如花针般洒落在十八洞村，驱车沿着盘山路，穿过雨雾，映入眼帘的是郁郁葱葱的山头，翠绿山间缠绕着土黄色的小道，偶有挑肩的苗族阿哥和背着背篓的阿妹，一前一后地走着。学生们笑语盈盈地惊讶道："这里就是十八洞村吗？原来雨天的乡村这么美啊！"话语间充满着兴奋与期待。对于在校大学生来说，参加这次扶贫设计实践的体验格外与众不同。

有的同学是第一次前往乡村参加设计体验，还因车程太久，出现了晕车症状。指导老师安抚和照顾好晕车的学生，同时一路上给学生们讲解这次去十八洞村调研的任务，并叮嘱学生在实践中首先要注意

十八洞村村寨调研　　　　　　　　　　　　　　十八洞村景观风貌记录

安全，其次要带着对设计任务的理解协调配合工作，光有一腔热情是远远不够的，设计团队肩负的责任需要大家认真对待。

指导老师嘱咐学生们此次十八洞村调研的主要内容有：针对梨子寨、竹子寨、飞虫寨、当戎寨四个苗寨，调研当地的独特文化元素和景观特色；访问当地居民在吃、住、行、节庆、嫁娶中的民俗习惯，了解当地文化，从中提取设计素材。指导老师同时叮嘱大家要随时准备好录音、拍照和记录，安排好材料收集、分类和整理工作；在调研实践中虽然可以赏美景、品美食，但要记得此行不是来游玩的，要把真实的体验感受应用于设计创作，要勤走、勤看、勤交流、勤记录，要让设计成为落地的现实。

文创组团队在调研中走遍了四个村寨，走访记录了村寨景观、民居建筑、苗绣工艺、民俗文化等内容。

大家路上一边讨论民居的形制、建设肌理和材质，一边拍照记录山间景观风貌，一路穿行，觉得收获良多。

拦门酒、对苗歌、大花轿、挑头纱……苗族婚礼花样多，在苗族传统习俗中，婚嫁时男女双方要请歌师在女家对唱酒歌，一般要唱一天一晚，唱完对酒歌，揭开早已备下的米酒和杨梅酒泥封，醇厚的香气伴随着欢歌笑语飘向远方。苗绣、蜡染、花带、竹板雕画等十八洞村文化遗产，具有浓郁的艺术气息，更有苗家火塘里的腊肉、竹筒糯米饭、米酒、杨梅酒、野菜等美食，香喷喷、甜糯糯。村里蝴蝶、龙图腾随处可见，寓意着祖先庇佑子孙，家业兴旺。

这些神秘而富有艺术魅力的苗寨文化，仿佛为文创组展开创新设计打开了魔法宝盒。

文创组秉承"尽其所长，见微知著"的工作理念，踊跃投身到十八洞村设计扶贫的工作中。指导教师在组织设计实践的过程中要求学生立足于十八洞村丰厚的文化积淀，大胆发挥创新创意，积极探究，从十八洞村的农耕生活、峡谷风光、苗族风情、建筑风貌等文化元素中寻找灵感，以设计作品、竞赛、商品转化、论文、专利等成果作为导向，积极服务当地文化创意产业发展。

精雕细琢，勤能补拙

高校设计团队不同于公司设计师团队，其时间条件受到实际情况的制约，指导教师只能见缝插针地安排设计实践的时间和任务。组织工作一方面要考虑工作成果的品质，另一方面还要考虑与高校艺术设计实践教育有效结合，达到产学研三方共赢的长效机制，所以在实践工作中，他们也遇到过诸多障碍和困难。

在十八洞村文创设计的那段时间，湖南工程学院设计艺术学院的309智博艺创工作室总是灯火通明，师生一同探讨、设计、制作样品，每到晚上十点，传达室的师傅上来催促，大家才意犹未尽地离开。

虽然大学生的设计经验和能力与具有成熟经验的设计师相比是有差距的，但勤能补拙，树立坚忍不拔的价值观和设计理念对设计人才的培养具有极大的积极效应。每一个方案的设计，文创组的每一位成员都花费了大量的时间和精力来完成。

在设计和制作文化创意产品的过程中，指导教师指导学生们运用生活经验，克服了由设备、材料和技术的缺失带来的问题。例如在文具设计套组中，十八洞村图案的印制成为问题。由于原创设计图案的印制价格较高，且样品制作有数量限制，最后在制作样品的过程中，文创组采用的是印制结合手工剪刻粘贴的形式来完成图案的装饰应用。在"苗家风情"耳环和"湘芙湘蓉"系列丝巾设计制作过程中，由于条件、技术造成的问题比比皆是，但是在文创组组员们的共同努力下，几经周折，终化钝为利。

2019年1月，文创组指导老师邓世维在31岁生日那天收到了由十八洞村村"两委"颁发的"荣誉村民"证书，她觉得那是一份极其珍

"湘芙湘蓉"系列丝巾设计（设计：樊鸿剑）

贵的生日礼物。这份礼物里承载的是高校教师的设计与教育的情怀，一份责任，一种价值观，一颗为建设美好国家而积极向上的心，一种忠于职守、精雕细琢的"匠人"精神，值得永远守护和传承。

一村四寨，寨寨有品

梨子寨——梨树梨花香飞舞

梨树、梨花、梨子和传统苗族民居构成了梨子寨的唯美映像。据历史记载，梨子寨遍植梨树，现仍存有古梨树景观。梨子寨的景观标识小品设计运用梨树做创意最能体现当地文化。

梨子寨景观标识系列小品设计（设计：张明阳）

梨子寨"守望繁华"景观小品设计（设计：鲜亚蓉）

  梨子寨景观标识系列小品设计运用梨形轮廓镂空，将梨树、梨叶、梨花、梨枝等元素的形象融入其中，通过造型艺术与村寨名称和特色的感官联想，表现出鲜明的识别性。

  梨子寨的景观小品"守望繁华"运用了谐音象意的设计手法，梨子寨的梨树、梨花景观引人入胜，设计采用梨花这一元素，以手的力量托举梨花，象征着党和政府正守望梨子寨人民的幸福生活，携手向前。守（手）望繁华（花），"手"和"守"谐音，"华"和"花"谐音，物象联系，点明题要。

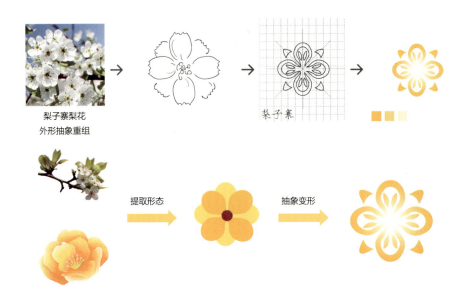

梨子寨梨花
外形抽象重组

提取形态

抽象变形

梨子寨"梨花"村寨logo设计 （设计：郑文轶）

梨子寨"梨花"logo的造型以梨花的形状抽象演变而来，花瓣线条柔美流畅，花蕊及花叶点缀其中，色调由中心向四周呈现中心放射式的渐变递进样式，以黄色为基调，形成了欢快明亮的视觉效果。

竹子寨——竹子映画庆苗鼓

竹林、竹笋、竹花、竹笠、背篓、簸箕、竹篮，这是竹子寨民俗生活中的艺术因子。竹子寨的文创设计围绕竹子展开，有以"竹"为题的景观小品、"竹影"logo标识设计等。

竹子寨"伴竹"景观标识小品运用吹竹笛、编竹筐、挂竹帘、挑竹扁担、采竹笋这五个动态的人物形象作为设计的灵感来源。充分运用当地的竹材，结合对竹材技艺的运用与转化，设计了一套拟人化的景观标识。

竹子寨的"竹影"logo以竹子造型抽象简化为设计手法，表现竹节的错落性和变化性，用抽象的剪影表现竹叶的形态，在颜色上采用深浅渐变绿色，意指对村寨发展欣欣向荣的美好向往。

苗族同胞勤劳，地坪里常常摆着竹编的大簸箕，晒制干笋。苗族同胞手巧，编制的竹器如竹斗笠、背篓、扁担、簸箕等都很精巧。

竹子成为竹子寨村落环境改造中的重要树种，竹子也运用到竹子寨的景观节点、标识标牌的打造之中。比如，景观亭"福篓"的设计灵感来源于湘西当地装鱼和小昆虫的竹篓子及捕蝴蝶的童趣生活，表达"蝴蝶放入篓，幸福跟我走"的美好憧憬。景观亭设计利用竹篓编织的空隙透光、透气的特性，设计出半壶式样的景亭造型，将蝴蝶的

竹子寨"伴竹"景观标识小品设计（设计：张明阳）

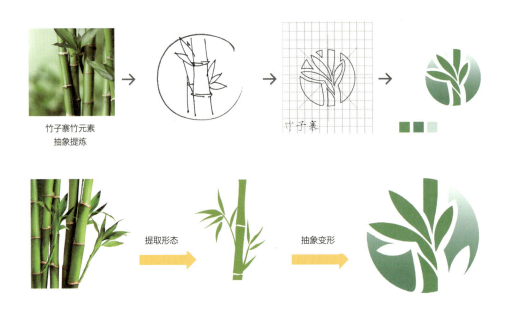

竹子寨竹元素
抽象提炼

提取形态

抽象变形

竹子寨"竹影"村寨 logo 设计（设计：郑文轶）

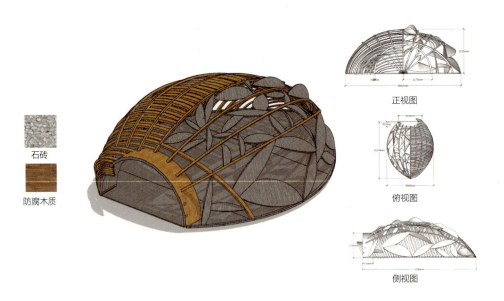

石砖

防腐木质

正视图

俯视图

侧视图

竹子寨"福篓"景观小品设计（设计：邓世维　蒋鑫诚）

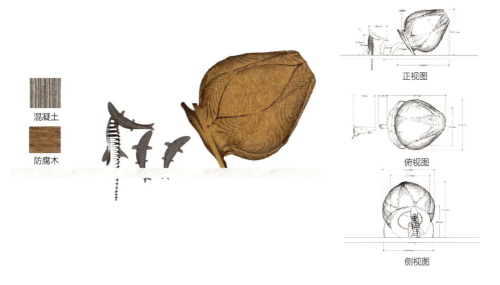

混凝土

防腐木

正视图

俯视图

侧视图

竹子寨"鱼跃竹篓"景观小品设计（设计：邓世维　蒋鑫诚）

样式融入其中，既表达了追求幸福生活的美好意蕴，也营造了优美的光影效果。

　　"鱼跃竹篓"的雕塑，以倾斜的竹篓为主体，几条跳跃的鱼儿一跃而起，象征在十八洞村的福泽之地上，年年有鱼（余），丰收余庆；鱼儿跃进竹篓，预示着扶贫政策带动当地经济发展，年年都有好收成。

　　竹子寨还有竹版画、苗鼓等民俗文化资源，拥有充足的创意空间，后续仍可在文创设计方面持续发酵，呈现更多多元的精彩的设计作品。

飞虫寨——蝴蝶飞来针线密

　　嘹亮山歌拨开薄雾，灶房炊烟升起，飞虫寨里的苗族阿妹黄秀玉要出嫁了。早晨的云雾散去，阳光穿过云层洒下来，黄秀玉家外的篱笆边上，开着一朵朵粉紫色的小花，一群蝴蝶飞过来，停在花朵儿上抖动翅膀，黄秀玉的阿妈云阿嬷看了非常高兴，说着："玉儿是嫁了个好人家了，蝴蝶都到我们家门口停着，生活会甜甜蜜蜜的。阿妈在你嫁裙边上绣的蝴蝶跟这蝴蝶一样好看，玉儿嫁过去可要学着持家，生个胖娃娃。"

飞虫寨的名字来自苗语蝴蝶的音译，苗绣、蜡染、剪纸都有翩翩起舞的蝴蝶元素。蝴蝶飞舞的形态，具有韵律美，呈现着无穷的动感与活力。"蝶舞"的景观标识小品设计运用蝴蝶剪纸的形式，将二维图形向立体三维转换，蝴蝶仿佛舞出墙面，跃然飞向天空。

飞虫寨"枫叶与蝶"logo设计以蝴蝶与枫叶为参照，以浅色抽象

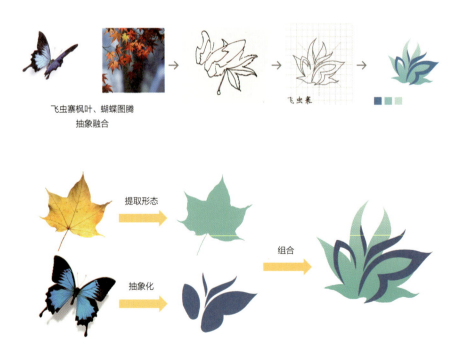

飞虫寨枫叶、蝴蝶图腾
抽象融合

飞虫寨"枫叶与蝶"村寨logo设计（设计：郑文轶）

防腐木

大理石

正视图

俯视图

侧视图

飞虫寨"福之将至"景观小品设计（设计：张明阳）

枫叶与深色抽象蝴蝶轮廓相叠加，枫叶和蝴蝶形状舒展柔美，整体造型蓬勃向上，标志观感生动而富有层次性，象征了村寨未来发展蒸蒸日上的美好愿景。

飞虫寨"福之将至"景观小品设计从蝴蝶飞舞的动态切入，从单体飞舞形态和群体飞舞路径展开设计。这个设计还融入了团结、扶贫的理念，通过圆形来表现团结一致、共同富裕的思想。

飞虫寨的原生态苗族文化氛围良好，民族风情十分浓郁，苗绣、蜡染、花带等民俗文化艺术十分浓郁。而蝴蝶是苗族刺绣中最常用的图案，同时，蝴蝶也是飞虫寨的图腾，因此在村里，蝴蝶纹样随处可见，小小的蝴蝶纹饰寄寓着祖先庇佑孩子、保佑孩子健康成长的美好愿望。

当戎寨——当戎龙腾创辉煌

当戎寨的"当戎"是"接龙"的意思，体现了当地对龙的崇拜。苗家崇拜龙，认为龙象征吉祥，能赐福于人。当戎寨盛行"接龙"祭典，有宽裕人家单独举办的，也有一寨或一族同时举行的"接寨龙"。为求家道兴旺，苗族人向龙许愿，择定秋收后某一吉日举办接龙活动。"接龙"仪式，后来还整理改编成"接龙舞"，意为龙来雨至。

当戎寨"黄桃与龙"logo 设计以当地特色农产品黄桃和龙崇拜为基本元素，外轮廓是黄桃形状，中间镂空部分设计为龙凌空翱翔的姿态，隐喻了当戎寨借扶贫政策东风，发展特色产业，村寨前景扶摇直上、璀璨光明的美好愿景。

当戎寨"龙腾万里"景观标识小品设计结合了苗族接龙舞等活动的形象艺术，且凸显了当戎寨浓厚的龙文化气息。标识喻示当地

当戎寨黄桃、龙图腾
抽象融合

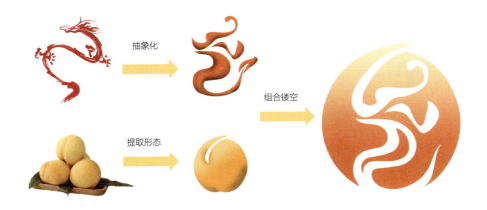

抽象化

提取形态

组合镂空

当戎寨"黄桃与龙"村寨 logo 设计（设计：郑文轶）

发展"龙腾万里、脱贫致富"。当戎寨的景观标识设计注重村寨文化的发掘，结合苗族接龙舞、舞龙等活动，呈现出"龙腾万里，旭日东升"的景象，也就是以"扶"字为提炼元素，以抽象的人形与龙形相呼应。

　　龙既是当戎寨苗民的崇拜，也象征国家及人民的权威，人民背后永远有着国家在遮风挡雨，国家是人民的后盾，这喻示着当戎寨的发展将会蒸蒸日上，一跃腾飞，让游客一眼就能充分感受到当戎寨的龙文化气息。

　　文创组对在当戎寨调研的画面记忆犹新，成员们与一位坐在民居门前石凳上坐着休息的老奶奶闲聊，老奶奶说："苗族人世代崇拜龙图腾，龙在苗族人眼里是富贵的象征，苗族的祭龙、接龙等民俗活动，都是为了着祈求驱疫降福、保佑平安。"当戎寨从贫困走向富裕的道路，正是依托精准扶贫好政策，如同蛟龙一般腾飞。

大理石

大理石

正视图　　　　　　　　俯视图　　　　　　　　侧视图

当戎寨"龙腾万里"景观小品设计（设计：蒋鑫诚）

聚苗乡传承，凝风土作品

文创组依托十八洞村自然与文化资源，以传统村落为发轫平台，从文创设计、文化传承、人才培养方面，助推十八洞村乡村振兴的发展。

在文创设计方面，除前文中展示的景观艺术小品和文创旅游纪念品，文创组还设计了以十八洞村官方logo为核心的十八洞村系列包装（如帆布袋、米袋、茶叶包装）。十八洞村米袋包装设计，用粗麻布袋和纸袋两种不同的材质作为载体，体现十八洞村"生态粮"的自然特性，包装标识以官方logo的苗族男女为造型基础，结合粮食的"粮"字进行变形，以苗族男性形象为代表的"米"字旁和以苗族女性形象为代表的"良"字旁，表示苗族阿哥阿妹牵手共创十八洞村美好明天。

十八洞村帆布袋包装设计（设计：张婉婷）

十八洞村米袋包装设计（设计：黄鸣）

在文化传承方面，文创组教师指导学生设计的《十八洞苗族系列公仔玩偶》是以数字动画的形式表现十八洞村苗族的打苗鼓、跳接龙舞、跳绺巾舞、打蚩尤拳、绣苗绣、吹唢呐这六个非遗文化场景中的人物角色。该作品与《梦回苗乡文具、饰品设计》分别获得了2020CADA国际概念艺术设计奖银奖和铜奖。

火塘是苗家祭祀祖先和体现神灵信仰的地方，苗族有"烧火塘""祭火塘"等习俗，每到传统年节，都有在火塘熏烤腊肉、围塘话酒的传统。"我们这里过年都爱吃腊肉，喏，我们的腊肉就是放在

十八洞村蝴蝶妈妈茶叶包装设计（设计：黄鸣）

火塘上熏的，吃肉的时候大家都爱喝点酒。"龙德成老人是十八洞村的"网红"，她指着屋里的火塘跟文创组的成员们说道。这种饮食习惯颇有些江湖豪杰的风范。文创组由此集思广益，基于十八洞村火塘文化，主持研发和转化了两项以苗族火塘和木椅为主体的实用新型专利，为推广与传承十八洞村民族文化产生了积极的影响。

苗绣是中国苗族民间传统的刺绣技艺，是苗族妇女勤劳智慧的结

十八洞村苗族系列公仔玩偶（设计：赵俊倩）

文创组十八洞村设计作品
获得2020CADA银奖和铜奖

火塘上熏腊肉　　　　　　　　　采访龙德成老人

晶。历史上苗族是一个饱受迁徙之苦的民族，在从北往南的数次大迁徙中，苗族先民不断遗失着自己的土地与文字。文化无法落地生根，唯有将祖先的故事以刺绣的方式记录在服饰上，世代相传。苗绣就像是苗族的"无字天书"，细密的针脚间，记满了他们的骄傲喜悦，也记满了他们的颠沛流离。十八洞村特色产品店与苗绣博物馆都展示着种类繁多、异常精美的苗绣服饰、头饰、包袋，以及各种做工精美的闪闪银饰。

在十八洞村扶贫攻坚战中，苗绣产业扶贫成了成功的标杆，是当地文化特色之一。十八洞村苗绣类旅游产品占旅游产品总量的 70% 以上，销售额占旅游产品销售额总量的 50% 以上。自 2013 年发展乡村旅游以来，苗绣工艺品就受到游客钟爱。2014 年 5 月，十八洞村注册成立了"苗绣合作社"，合作社通过"公司＋合作社＋农户"的形式实现了产业经济的增值发展。"十八洞村苗绣特产农民专业合作社"积极邀请苗绣传承人开展苗绣、花带培训班，帮助当地妇女学习苗绣技艺。后续合作社继续与高校设计艺术系联合发展，丰富了苗绣文创产品的品类。

十八洞村民族苗绣服饰与苗绣作品（摄影：易莲）

苗绣工具和旅游纪念品陈列 　　　　　向苗绣传承人戴雅学习工艺

龙图腾苗绣 　　　　　花鸟苗绣 　　　　　蝴蝶苗绣

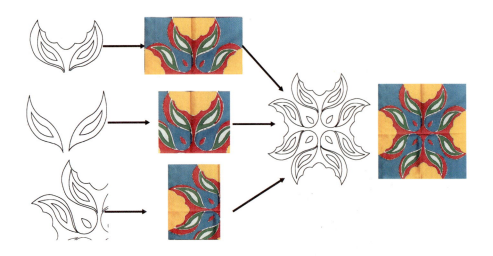

"湘芙湘蓉"丝巾蝴蝶纹设计（设计：樊鸿剑）

"湘芙湘蓉"蝴蝶纹应用款式（设计：樊鸿剑）

"这是我们手工绣的服饰，一般我们在赶秋节、嫁娶、节庆的时候都会盛装出席，现在村里好多妇女都绣苗绣了。"在调研之初，苗绣传承人戴雅向文创组成员们介绍了苗绣传统，她一边示范着苗绣一边跟大家解说手工绣和机绣的区别。

　　苗绣体现了十八洞村民族审美意象的演变，通过一针一线表现出苗族人民心中对自然生灵的图腾崇拜，例如蝴蝶、花鸟、龙这些图腾直观地反映出了当地"蝴蝶妈妈""自由""悦耳之音""吉祥"等趋吉避凶的民族信仰。

　　文创组设计的"湘芙湘蓉"系列丝巾，其图案设计灵感即从"蝴蝶妈妈"纹样中获得。蝴蝶翅膀翩然飞翔的形态和翅膀上不同颜色相间的花纹拆解重构后形成了单位组合的图案样式，四个单位图案以 X 为轴线向中心分布，蝴蝶头部的图案设计，尊崇苗族传统的拟人化表现，刻意放大头部比例，在创新设计中体现了对传统样式的尊重与传承。经过不同配色与图案组织，"湘芙湘蓉"系列丝巾有多种方案，可供选择。

　　习近平总书记强调："乡村振兴，人才是关键，要积极培养本土人才……为乡村振兴提供人才保障。"高校不仅培养人才，也承担着服务社会的重要职能。《礼记·大学》有云："大学之道，在明明德，在亲民，在止于至善。"

　　在人才培养方面，十八洞村设计实践为文创组指导老师提供了丰厚的教学素材和经验。指导老师探索了"产教融合，协同创新"模式在实际项目设计中的应用，并从文创组成员中培养了两名大学生输送到湖南大学设计研究院，他们将继续为乡村振兴贡献自己的力量。

　　此次十八洞村文创设计工作，是高校参与精准扶贫的一次成功经验。在后续工作中，文创组还凭借参与和组织高校师生团队设计实践的经验和成果，成功申报立项了湖南省社会科学成果评审委员会2020年度课题"湖南湘西十八洞村苗绣文创产品设计研究"，并围绕该课题继续深入研究，产出成果。

十八洞村文创设计工作通过"产教融合，协同创新"的模式，鼓励大学生积极参与扶贫设计项目实践，这不仅锻炼和磨砺了大学生的能力，启发了大学生的思想认知，增强了学生对祖国建设与发展的认同感、使命感和荣誉感，体现了专业教育与思想政治教育的高度契合，而且探究了扶贫路线多样化的有效途径，实现了对教育扶贫、科技扶贫的助力，助推了"中国设计"乡村品牌的建立，为培养本土设计人才和乡村文化振兴储蓄了动能。

执笔人：邓世维

精准施策，
精细组织

　　十八洞村村容村貌提升工作始终坚持精准、精细这个科学方法，把习近平总书记讲的精准理念充分运用到工作的实践之中，以问题为导向，以需求为指针，聚焦改善人居环境、提升生活品质，各项工作都抓到了点子上、落在了实处。用心、用情、用力推动，做到了精准规划、精准设计、精准施工、精准管理，坚持以质量为核心，严格程序、计划扎实、实施到位，如期打造了一批精品。

2018 年 11 月 29 日，省住建厅召开了"深入学习贯彻习近平总书记精准扶贫重要论述暨十八洞村村容村貌提升工作总结大会"。省住建厅主要负责同志在会上发言中说道："十八洞村村容村貌提升工作始终坚持精准、精细这个科学方法，充分把习近平总书记讲的精准理念运用到工作的实践之中，以问题为导向，以需求为指针，聚焦改善人居环境、提升生活品质，各项工作都抓到了点子上、落在了实处。用心、用情、用力推动，做到了精准规划、精准设计、精准施工、精准管理，坚持以质量为核心，发扬工匠精神，切切实实打造了一批精品。"回顾这场战役开展之初，如何运用新理念、新技术、新模式，做好"四改四提四建一整治"工作，即：改房屋，改厕所，改垃圾处理、机制和设施，改污水处理设施；道路设施、电力设施、通信网络、安全饮水提质；建村级活动中心，建标识，建机制，建产业基地；开展农村环境整治。省住建厅组建的项目管理指挥部人员和湖南大学设计研究院首批参战的设计人员，进驻十八洞村时大脑一片空白。所面临的工作可用 SWOT 法概括如下表：

SWOT 法

优势与劣势	机遇与挑战
优势：1.高度的政治意识 2.湖南住建实力 3.村民的积极性	机遇：1.省委提出的任务 2.扶贫脱贫基础 3.乡村振兴战略

续表

优势与劣势	机遇与挑战
劣势：1. 无任何资料 　　　2. 距离长沙 5 小时车程 　　　3. 无项目资金	挑战：1. 7 月至 10 月百日期 　　　2. 任务不明朗、要求高 　　　3. 程序与管理规矩化

十八洞村村容村貌提升工作任务完成后，各方都在总结，"精准规划、精准设计、精准施工"的成果已成篇章，但"精准管理"的理念与方法仍待提炼。为什么能在短短的一百多天内实现从零概念到规划设计和建造完成的落地？涉及数十个单位与部门、上百家村民的工程是如何组织的？

全过程工程咨询项目管理理念的体现。 在十八洞村村容村貌提升工作中，省住建厅组建了强有力的项目管理班子，除履行行政管理服务的湘西自治州住建局和花垣县住建局外，参与文创策划、规划设计、工程监理、造价咨询、档案管理服务的有湖南大学设计研究院、湖南省建筑设计院集团有限公司、中国电建集团中南勘测设计研究院有限公司、湖南省国土资源规划院、湖南省锦麒设计咨询有限责任公司、湘西自治州鑫诚建设监理有限公司、湖南华夏工程咨询有限公司、株洲市城建档案馆、吉首大学美术学院等，参与建筑施工、设备安装、工程检测的有中国建筑第五工程局有限公司、中国海外集团有限公司、航天凯天环保科技股份有限公司、湘西自治州建设工程检测中心。涉及众多的项目内部单位的组织协调，关键是省住建厅项目管理指挥部在项目管理中发挥了核心主导作用。这种核心主导作用表现为综合性的全过程工程咨询项目管理组织。

省住建厅项目管理指挥部根据工作职责需要，将援建组织分为综合组、环境组与设备组，作为咨询属性的策划、规划与设计工作融入相应的三个组中，"碎片化"的服务与项目管理形成了共同体，项目管理指挥部可以随时找到工作不畅时问题的症结所在。正是有这样的项目管理组织，各援建单位组建了强有力的项目团队，各团队负责人与指挥部和单位负责人才能保持着高度的畅通协调与资源调度；正是有这样的项目管理组织，政府各部门、驻村工作队和村委及村民之间才能实现高度的配合；正是有这样的项目管理组织，项目才能从只有目的很快地向实现目标明确、任务具体、措施有效转变；正是有这样的项目管理组织，习以为常的"三控三管一协调"建设实施的项目管理模式才能改变；正是有这样的项目管理组织，全过程工程咨询服务的高质量与高效性才能实现；正是有这样的项目管理组织，过去对策划、规划与设计等咨询服务的"甲方乙方"关系才能转变为"顾问型"关系。

在项目管理指挥部的带领下，十八洞村村容村貌提升工作综合组、环境组与设备组始终遵循集约、节约这一原则，一开始就立了规矩、划了红线，注重保护自然生态和文化资源，切实做到四个尊重，即：尊重现实、拾遗补阙，尊重地方、顺应民意，尊重自然、保护山水，尊重历史、传承文化；充分体现四个味道，即：乡村味道、乡土味道、民族味道、自然味道；讲好四个气，即：讲"小气"不讲大气，讲土气不讲洋气，依山就势布局，着力打造小而土、小而特、小而优的风格。

由此可见，十八洞村村容村貌提升工作的组织模式证明全过程工程咨询服务的组织方式可以减少项目程序环节，整合项目组织（可研及专研报告、工程勘察、初步设计、工程监理、造价服务和招标服务等均由一个项目咨询部完成），缩短建设工期，提高工作效率。而基于项目本身的系列性策划、规划、方案与论证等项目全寿命专业性咨询，比如说以往由业主为设计单位提供的设计任务书，由全过程咨询单位实施，可以促进其价值的增值。

始终突出政治站位这一前提。十八洞村村容村貌提升工作，讲的是政治，干的是民生，促进的是发展，体现的是大局。本次参与援建的单位都有很强的大局意识、政治意识，站位非常高，始终把该项工作作为重大的政治任务、重要的民生工程、极具影响的示范项目来对待，部分援建单位都是一把手主抓，这些都为圆满完成本次任务提供了保障。在湖南省住建厅的组织下，各参与援建的单位不是省里指派就是积极请缨参战的湖南省住建系统的优秀企业，他们都主动呼应省住建厅无偿援建"十八洞村村容村貌提升工程"，湖南大学设计研究院就承担了工作量产值四百多万元的规划设计费。

十八洞村村容村貌提升工作始终保持不忘初心这个党性意识，许多援建人员克服重重困难，真正做到了不忘初心、牢记使命，充分发挥了共产党员的先锋模范作用。许多援建人员虽然不是党员，但是在工作中一样不辞辛苦，任劳任怨。在此次百日攻坚战中，发生了许多可歌可泣的故事。通过这次援建，援出了住建形象，援出了住建系统的威信。湖南大学设计研究院建筑组设计师王欣不愿放弃援建机会，动员丈夫请了一周工休假，共同带着需每天哺乳的孩子坚守一线调研；村庄规划师设计师顾云峰在雨后泥泞的山路上不慎摔跤，被锋利的坚石划破手背，亦无怨无悔。

项目服务与管理，力在项目团队，质在企业组织。湖南大学设计研究院接受十八洞村村容村貌提升工作任务后，对工程项目管理理论研究及其应用颇有心得的邓铁军院长就一直在心中掂量派出哪些专业团队和设计人员方为适合。他首先想到了学校相关学院的专家们带领的设计与创作团队，于理论与创作水平而言，他们毫无疑问可以胜任。然而十八洞村村容村貌提升工程虽然项目不大，但综合类别多，时间紧迫，融合性复杂。考虑到学院的教授们还担负着教学科研任务，课程教学的调整对学校来说是牵一发而动全身的事情，而"百日攻坚战"必须集中兵力、集中精力打"歼灭战"，他不得不放弃优势学术团队。面对特殊的现实，只有举全院直属设计所和专职团队之力才能稳操胜券。

虽然明确了项目总负责人和规划、建筑设计、景观设计、风貌设计等负责人，但项目所具有的特殊性与紧迫性使之在组织管理与协调方面不同于常规的规划设计项目。一般情况下，项目团队主要由院下属某个机构的人员组成，他们彼此熟悉，易于配合，项目负责人组织安排团队工作也轻车熟路。但在本项目中，项目负责人可能就做不到这一点了，因为项目团队是由数十个从全院各直属设计所和专职团队抽调的精兵强将组建而成的。所以，为适应本项目的特殊性和省住建厅指挥部对项目组织的安排与要求，湖南大学设计研究院创新企业咨询服务项目管理方式，形成了抓品质、抓品牌的院管项目新模式，在十八洞村村容村貌提升工作中经历了实践的检验。

首先是院党政领导班子形成高度的思想认识与行为统一。无论是站在前方一线还是后方支援，大家都齐心协力，劲往一处使，汗往一处流。各直属设计所和专职团队协力配合，服从调度。在邓铁军院长和项目领导小组的调遣下，湖南大学设计研究院的设计师们分批分次地战斗在十八洞村第一线：一是派出四批队伍参与现场调研、踏勘和驻地规划设计；二是在工程开工后每周轮换派出驻地设计师履行施工

驻村调研和踏勘团队（摄影：张颖虹）

服务。在现场调研、踏勘和驻地规划设计中，设计团队在项目指挥部带领下始终依靠群众主体这个内生动力，充分依靠和发动群众，挨家挨户走访，让村民摆脱"等、靠、要"的思维模式，参与到这场脱贫攻坚战中来，大家共谋、共建、共管。习近平总书记提到的"扶贫先扶志""扶贫必扶智"，一个是内生动力，一个是技能。只要投入精力，投入感情，老百姓的一些落后思维是可以改变的，所以这次援建的过程是一次大爱的缔造过程和传播过程。

"为了把十八洞村的村庄规划编制成全国一流的村庄规划和湖南村庄规划的范本，湖南大学设计研究院的尹怡诚设计团队走遍了十八洞村的山山水水，家家户户。这本规划，是用脚走出来的，是用口交流出来的，是用手合作出来的。"省住建厅领导如此的称赞，就是对湖南大学设计研究院现场调研、踏勘和驻地规划设计的最有力的肯定。

其次是充分发挥院级层面的组织协调作用，注重年轻骨干人才培养，调动设计师们的创作设计积极性。一是作为经营性企业，在项目无资金来源的条件下建立院级层面的专项资金，形成制度保障，按照院项目成本控制之工作量比例保证项目设计师们获得相应报酬，确保他们就算流血流汗但不流泪；二是建立院级层面的本项目例会和专题协调会，定期调度解决人力、资源和规划与设计之间同步推进的配合问题，把学历高业务能力强的青年骨干推上专业组负责人岗位的同时，随时给予其精神鼓舞和工作上的大力支持；三是始终保持有院领导坚守十八洞村现场主持工作，及时决策处理相关问题，充分调动青年设计师扎根现场发掘设计创意和理念，鼓励设计出"精品"；四是院长亲自兼任设计项目总指挥，对各设计组和后勤保障组工作的协调组织亲自调度，对项目外部协调和工作联系亲自抓落实，不是作指示提要求，而是每个关键环节必亲力亲为，及时决策，为各组负责人排忧解难。规划师负责人尹怡诚面对纷至沓来的荣誉感叹道："没有院长的指挥调度与工作的站台，没有院长在精神上给我们的激励，在困难面前的鼓劲，我院的百日攻坚战，是难以获得如此的成功和高度的赞誉的。"

正是有这样的机制，青年规划师们做到了"精准规划、精准设计"。十八洞村新村部设计是本次村容村貌提升工作的重点，建筑组在多轮方案比选中不断优化，不搞高大上、新奇特，以"适用""紧凑""兼顾"为原则，平面布局予人以自然，实现了科学布局项目功能；在建筑造型、立面设计与工料选用上，坚持做"适合"的设计。

新村部建筑立体、形状风格与当地建筑相协调，格调、色彩与秀美山野的自然环境融为一体，建筑材料就地取材，以期性价比最高。建成的新村部，外貌朴素、典雅、庄重、大方。

十八洞村村容村貌提升景观设计包括精准扶贫首倡地与感恩坪改造、门楼改造、旅游线路绿色提质及多个景观平台的打造，旨在让习近平总书记称赞的天然景致"小张家界"与苗寨景色相映生辉。无论是新景点项目，还是门楼改造和感恩坪改造，景观设计组始终坚持遵循自然、保持原态、杜绝大拆大建大手笔的思想。精准扶贫首倡地的设计，尽可能地保护了现有的菜地、植被，保留了习近平总书记考察的场景。村寨及感恩坪周边设施与植被保持原貌，地面进行修复，石板就地取材。建筑风貌组按照苗族聚居建筑风格，用分类导引方式完成了全村房屋立面改造设计，恢复了传统的民居风貌，提升了景观功能，并坚持按景区打造、社区管理、市场经营的思路，使整村基本实现了全域景区化。规划师牵头编制的《花垣县十八洞村村庄规划（2018—2035）》，融入了"多规合一、共同缔造、信息化建设"等规划新理念，立足于可持续发展、提供可复制、可推广的示范样本，形成了"一本村庄规划、一套村寨设计、一册村民读本、一卷村游手册"的新成果形式。

执笔人：邓铁军　罗　诚

不忘初心，
方得始终

　　"百日攻坚战"，湖南大学设计研究院充分发挥党组织的战斗堡垒作用，以驻村规划师服务为基点，为十八洞村共同致富奔小康提供了强大的保障，为十八洞村建设美丽家园、实现乡村振兴营造了美好的环境；其间涌现出一批先进人物，取得了许多的优秀成果，体现了湖大设计人义不容辞的社会责任感，真正做到了"不忘初心，方得始终"。

2018 年 7 月伊始的十八洞村村容村貌提升"百日攻坚战"，以 10 月 28 日"湖南省深入学习贯彻习近平总书记精准扶贫工作重要论述大会"在湘西自治州圆满召开而结束，但是，湖大设计人作为十八洞村的"荣誉村民"，为十八洞村建设美丽家园的初心未改变，助力乡村振兴的社会责任感未松懈。湖大设计研究院党组织创新党建工作思路，在十八洞村建立了党建和思政教育实践基地；规划设计师们不断探索乡村规划设计的传承与创新之路，总结出可复制、可推广的乡村规划设计经验，收获了荣誉，赢得了赞誉。

共建促党建

2019 年 4 月的一天，湖南大学设计研究院党总支组织共产党员和志愿者一行 30 余人前往十八洞村进行设计回访和主题党日活动，同时在十八洞村建立了党建和思政教育实践基地。

盎然的春意，沿着遥远天际，贴着绵延大地，穿林漫坡扑面而来。眼前的十八洞村，桃红柳绿，莺歌燕舞，春光无限。走进十八洞村，乡风古韵映入眼帘。经过专业规划设计提升改造后的乡村院落，既保持了传统特色风貌，又增加了现代生活设施，更兼具了节能、居家、旅游、休闲等功能元素。

幸福的回访（摄影：谭淳）

刚走进村寨的尹怡诚便被驻村工作队队长石登高抱了个满怀，"好兄弟，太好了，正惦记着你了，又有棘手事，赶紧帮忙支招。"

"放心好了，"尹怡诚拍了拍石登高的肩膀说，"共识、扎根、用心、持续是我们驻村规划师工作的核心理念，我们一定会尽心尽力，积极解决出现的问题，让村民满意，游客满意。"

村支部书记龙书伍走上前，热情地说："湖大设计人就是十八洞的亲人，欢迎你们回家！很高兴你们把这里作为党建和思政教育实践基地，我们村企携手共建，助推乡村振兴！"

午后，和煦的阳光，透过稠密的树叶洒落下来，成了点点金色的光斑，身着红彤彤文化衫的湖大设计人穿梭在梨子寨、竹子寨、当戎寨、飞虫寨，展开设计回访及问卷调查，进一步了解民意，共同探讨今后共建共赢的思路和方法。

石拔专大姐现在成了十八洞村的形象代言人，日子更是越过越好。从未走出过深山的大姐还多次飞往北京看世界。2013 年习近平总书记来到她的家中时，家里唯一的电器是一盏 5 瓦的节能灯。如今，大姐的家中不仅新添了液晶电视、电风扇和电饭煲，她还在家门口摆起了小摊。"去年光卖腊肉和摆摊，收入都近万元了。"村里的变化让她看在眼里，更喜在心头。

年迈的龙冬奶奶，年轻时是村里的妇女主任，看到绿树青山中流动的这抹中国红，乐呵呵地嚷着："好看，真好看啊，赶上了好时代啊！红红火火的好日子啊！在你们的设计下，我们村子焕然一新，房子变漂亮了，还有了厨房和厕所，我做了一辈子的饭，现在做饭的日子是最舒服的，真的很感谢你们呢！"

家住飞虫寨，当了17年村支书的石顺莲大姐，成立了"十八洞村苗绣特产农民专业合作社"，带动留守妇女成功脱贫，现在更是接下了中国中车集团有限公司等公司的大单子。"背着娃绣着花，养活自己养活家！""飞虫寨离游客集中区域——梨子寨比较远，在你们的规划里，我们飞虫寨是休闲农业体验区，几个寨子走不同的发展道路，真的很不错呢，这条路很适合我们，现在参加苗绣合作社的绣娘更多了，以后肯定会越来越好！"

梨子寨耄耋老人施成富，2013年习近平总书记曾在他家前坪和村民座谈，由此他家成了打卡网红点之一。随着游客越来越多，施成富家在驻村工作队的帮助下开起了村里第一家农家乐，现在更是扩展了业务，在前坪摆起了小吃摊，还可以为外地游客提供邮寄特色农产品的服务。"我家前坪就是修建一新的精准扶贫首倡地会址，来这里观光旅游的人越来越多了，我家生意好得不得了，我们经常忙不过来，现在我的大儿子、二儿子、孙子都会来帮忙。"

在十八洞村任教40年的退休教师杨东仕，把自家在梨子寨的房子租给了侄子杨超文开农家乐，他自己在对面创办了小酒坊，酒酿醇香，热情好客的他，退休之后靠酒坊过上了更加充实富足的生活。

"2018 年你们来了之后，对梨子寨、竹子寨、飞虫寨和当戎寨都做了产业发展的设想，现在这些都慢慢落实了，尤其竹子寨跟以前大不相同了哦！拉通了梨子寨和竹子寨之间的游步道之后，竹子寨的旅游也慢慢起来了，我侄子杨超文又在他竹子寨的家里开了幸福人家农家乐分店，他都成了连锁店老板了！"

他们在四个村寨间走访，发现了许多新鲜事儿：一位从外地返乡做生意的苗家女子卖起了腊肉串，打出很有意思的广告词"革命工作很辛苦，吃块腊肉补一补"；第一代回乡创业的 24 岁的大学生施林娇，通过视频直播，展示十八洞的风景美食、民俗风情、日常农活，成了拥有 10 万粉丝的"网红"，直播带货帮助村民销售腊肉、蜂蜜等土特产……

他们走进自己精心设计的新村部，看到了扶贫成果展示——十八洞村氨基酸洗护套装、十八洞山泉水、初心山茶油、逮粉、柴火老腊味等，上面都标识着他们自己设计的十八洞村村标 logo！扶贫工作队队长麻辉煌欣喜地向这些"荣誉村民"们分享着村里的喜事：村里游客多

在十八洞村成立党建和思政教育实践基地（摄影：谭淳）

宣誓仪式（摄影：谭淳）

了，农家乐也开了多家；流转的千亩猕猴桃基地分红了；十八洞山泉水也有了市场影响力；村里有二十几个单身汉脱单了。2019年5月1日，十八洞村旅游公司正式营运，年游客量超60万人次，带动了230人在家门口稳定就业；2019年，村民人均收入14668元，村集体经济收入126.4万元，脱贫成果得到了巩固，奔小康的步伐越来越快了！更值得一提的是，2019年10月1日，在国庆70周年庆典上，十八洞村登上了庆典彩车，作为"脱贫攻坚"方阵的代表，接受全国人民的检阅！

就在这一天，湖南大学设计研究院在十八洞村建立了党建和思政教育实践基地，这是湖南大学设计研究院在新形势下推动党建工作创新的有益探索。在实践基地，时任湖南大学校办产业党委副书记、纪委书记何小锋深情寄语驻村规划师们："要提高认识，落实责任，继续把十八洞村驻村规划工作与设计研究院党建工作紧密结合，抓紧抓实；要围绕十八洞村的乡村振兴战略，充分利用高校设计研究院的人才和技术优势，切实为村民解决实际问题，不摆花架子，不出虚招子，真抓实干，逐步改善十八洞村人居环境、提升村民生活品质；要把十八洞村这个党建实践基地打造成党员干部锤炼党性、固根守魂、补钙壮骨的重要阵地。"

也是在这一天，在十八洞村新村部，"90后"驻村规划师张邓丽舜在入党介绍人尹怡诚等同志的带领下，面对党旗庄严宣誓。"我志愿加入中国共产党……随时准备为党和人民牺牲一切，永不叛党！"铿锵恢宏的誓词，一字一句，神圣而豪迈。

这位在十八洞村村容村貌提升援建期间成长起来的青年设计师，援建工作刚结束，就郑重地向党组织递交了入党申请书。

"我回国工作时，正值我院十八洞村村容村貌提升工作全面铺开，在十八洞驻地设计的三个月时间里，我深切感受到湖大设计人火一样的奋斗激情：院长邓铁军，刚接到任务就亲自率领先遣组赶赴十八洞村，五个多小时的车程，一下车他就会同驻村干部走遍全部村寨进行调研踏勘，晚上又接着召开会议研讨方案，他不辞辛劳，殚精竭虑，这是一名老共产党员的担当精神。建筑设计组师姐王欣，为了赶工作进度，将嗷嗷待哺的宝宝和病中的母亲带进了村寨，边工作边哺乳。规划师组长尹怡诚，工作上是专业负责人，生活中他是两个幼儿的爸爸，为了做出最科学最适宜最美丽的村庄规划，他离妻别子，扎根村寨，这是青年共产党员的奉献精神……在关键时刻，在困难面前，设计院的党员干部们身先士卒，率先垂范，以'忠于职守、精益求精'的工匠精神积极工作。

我们在驻村调研踏勘的过程中经常碰到各级领导，有省委书记、省住建厅负责人以及州、县驻村干部，他们走访村民，想民众之所想，急民众之所急，为民众办实事。他们信念坚定，用实际行动书写着'最成功的脱贫故事'。三个多月里，我看到了村民们脸上幸福的笑容，我听到了村寨孩子们动听的歌声。当我身处这样一个以国家、集体、人民的利益为重的氛围当中，切身感受到了共产党人为人民谋幸福，为民族谋复兴的初心和使命，我心中油然升起了对共产党员群体的佩服，更是发自内心地希望自己能成为和他们一样的心忧天下，敢为人先的人……这是我的入党志愿书，请党组织考验我，接纳我！"

当天晚上，湖南大学设计研究院在十八洞村报告厅举办了一场帮扶共建联谊晚会。夜幕降临，晚会拉开序幕。被习近平总书记唤作"大姐"的石拔专老人也来到了晚会现场，她身着苗族盛装，神态恬静，脸上带着微微的笑容，宛如一幅活脱脱的东方"蒙娜丽莎"。舞台上，活泼欢快的现代舞，民族特色的苗家舞，美妙动听的歌曲，

帮扶共建联谊晚会（摄影：谭淳）

优美恬静的配乐诗朗诵，精彩纷呈。晚会还融入了党建知识和精准扶贫知识竞答、趣味游戏等环节，村民们纷纷踊跃参与，整场晚会气氛活泼而热烈，大家沉浸在欢快的氛围中。在《明天会更好》的合唱声中，联谊晚会圆满结束。

花红柳绿绽放笑颜，在万物复苏的天地间，一派生机勃勃的好景象！十八洞村里洋溢着满满的幸福，这幸福的背后，是十八洞村村民自力更生、脱贫致富的声音，是各级党委、政府脱贫攻坚、砥砺奋进留下的足迹，是共产党人浓厚炽烈的初心使命。

纷至沓来的荣誉

鏖战百日，破茧成蝶。2018 年 11 月 5 日，湖南大学设计研究院收到了一封来自十八洞村村支部委员会和村民委员会的感谢信以及数张授予邓铁军院长等几十名同志为"十八洞村荣誉村民"的证书。感谢信中说，湖南大学设计研究院"不远千里支持我村建设，克服种种困难，夜以继日，科学援建，完成《花垣县十八洞村村庄规划（2018—2035）》，推行驻村规划师制度，十八洞村新大门、村级活动中心、精准扶贫碑、感恩坪、精准扶贫展示厅等标志性建筑投入使用，展示了新时代十八洞村的新气象"！

2018 年 11 月 21 日，湖南省委办公厅代表省委向设计研究院发来一封特别的感谢信，信中写道："衷心感谢你公司为湖南发展作出的积极贡献！""你们在湖南大学的领导和指导下，派出精干团队，带着责任和感情，用心用情，高质量完成了《花垣县十八洞村村庄规划（2018—2035）》、十八洞村 logo 标志、村容村貌改造、村级活动中心及精准扶贫展示厅、精准扶贫首倡地广场、感恩坪等工程设计并建成使用，并在十八洞村建立了省内首个驻村规划师制度，得到了当地百姓和各方面的好评……不畏困难，尽职尽责，为十八洞村的扶贫与发展付出了辛勤劳动。"

半个月之内，湖南大学设计研究院接连收到两封感谢信，这绝不是偶然。省住建厅的领导说："省委办公厅给援建单位发来感谢信，这在一个具体项目上是罕见的，因为感谢和表扬是不一样的，表扬是对完成工作后的认可，而感谢是发自内心的一种情感、一种心意，同时也是对完成的工作的充分肯定和高度认可。"

2019 年 1 月 28 日，湖南大学设计研究院在湖南大学逸夫楼报告厅隆重召开了十八洞村村容村貌提升总结表彰大会，为参与十八洞村村容村貌提升的设计师们颁奖。

十八洞村村容村貌提升感谢信及奖牌

一、金奖（18人）（摄影：谭淳）

邓铁军　罗学农　罗　诚　尹怡诚　肖懋汴　田长青　丁江弘　王亚琴
刘　炜　张　舸　贺　鹏　王　欣　荣淑君　阳　钊　梁羽凌　吴余鑫
杨红爵　张邓丽舜

邓铁军

项目总指挥
项目领导小组组长

- - - - - - - - - - - - - -

负责组织调度与外部
协调

罗学农

项目领导小组副组长
项目负责人

- - - - - - - - - - - - - -

负责项目组织协调、合
同技术、质量进度等

罗　诚

项目领导小组副组长
项目组组长

- - - - - - - - - - - - - -

负责项目组织协调

尹怡诚

项目领导小组副组长
规划师组长

- - - - - - - - - - - - - -

负责十八洞村村庄规
划、村寨设计、logo设计、
驻村服务与研究工作

肖懋汴

项目领导小组副组长
景观组组长

- - - - - - - - - - - - - -

负责十八洞村村容村貌
提质工程景观设计工作

田长青

项目领导小组副组长
风貌组组长

- - - - - - - - - - - - - -

负责十八洞村村容村
貌整治的建筑设计

丁江弘

项目领导小组副组长
新村部项目负责人

- - - - - - - - - - - - - -

参与设计协调和现场施
工服务与协调工作

王亚琴

规划师组员

- - - - - - - - - - - - - -

参与十八洞村村庄规
划设计与研究工作

刘 炜

新建组组长

参与感恩寨规划设计

张 舸

现场协调人

参与设计协调和现场施工服务与协调工作

贺 鹏

现场协调人

参与现场施工服务与设计施工协调工作

王 欣

现场协调人

参与现场施工与设计图纸协调

荣淑君

风貌组组员

参与竹子寨实地测绘与制作风貌导则指引工作

阳 钊

规划师组员

参与十八洞村村庄规划和村寨设计与研究工作

梁羽凌

风貌组组员

参与竹子寨实地测绘工作

吴余鑫

景观组组员

参与设计协调和现场施工服务与协调工作

杨红爵

文创视觉组组长

协助规划师参与设计十八洞村logo VI视觉体系、手绘导览图、村民读本等

张邓丽舜

规划师组员

参与十八洞村村庄规划设计与研究工作

二、银奖（58人）

郦世平　郭　健　刘子毅　罗　敏　张颖虹　刘启东　刘　洋　李家良

徐　蕾　黄昱榕　庹星宇　王　晟　任　倩　丁金鑫　周　枫　张　星

邹　磊　顾云峰　郦　维　李艳旗　刘阜安　张彦瑜　康　操　康　迪

刘　英　欧阳韬　刘勇超　侯迪西　刘羽珊　陈　程　龚久宇　唐大年

刘　剑　周宏扬　苏振韬　焦　璐　邓世维　刘经纬　刘瀚波　俞潇洁

刘贝贝　周正星　卿高媛　郭小波　尹新平　卢泽金　何　瑶　林　京

陈　灿　刘军石　海　明　陈　莎　李　阳　叶　慧　肖光雨　曾　帅

甘治国　许乙青

三、纪念奖（24人）

罗丽宇　刘万全　黄　丽　袁　文　郭心幸　陈　勇　范利萍　屈　远

郑少平　刘　扩　张　杰　魏雁超　刘美忠　李光云　黄　莺　戚家坦

项丹强　成　柳　池　峰　徐丽霞　王新夏　曹豪荣　王　巧　王　烽

教育部2019年度优秀工程勘察设计规划设计
一等奖

中国风景园林学会科学技术奖
二等奖

2019 年度湖南省优秀工程勘察设计、风景园林设计一等奖

2019 年度湖南省优秀城乡
规划设计一等奖

2020 年湖南省空间规划学会
特别奖

2019 年度湖南省优秀工程勘察设计、建筑工程设计三等奖

优秀勘察设计企业奖牌

忘不了啊，十八洞

　　村庄，是浓浓乡愁的载体，是数千年来中国乡村集体记忆的媒介。对一个村庄的整体规划设计，实际上就是保留对乡村集体记忆的空间，留住一个村庄的历史文化的灵魂与一个个居住者的灵魂记忆。一栋栋沧桑的老屋，一棵棵苍古的大树，一条条清幽的石板路，一座座斑驳的老石桥，如同时光一般，刻录着村庄千百年的过往，又连接

着村庄的未来，像一首几百年的老情歌，在山峰峡谷间流转，让山间的飞鸟、虫兽都有了醉意。

他们，是青年规划设计师，他们，也是十八洞村的荣誉村民；他们，是一群踏实肯干的青年人，他们，也是十八洞村的寻梦人和造梦者；他们用规划蓝图构建十八洞村集体记忆的空间，保留十八洞村的历史文化灵魂。

数百个日日夜夜，湖大设计人扎根大山深处的湘西十八洞村，深入体验乡村生活，用脚步丈量每一寸土地，用目光捕捉每一处风景，用画笔勾勒每一幅蓝图，十八洞村的文化灵魂活泼泼的跳跃出来，闪亮出现在世人面前。乡村规划要打持久战、攻坚战和阵地战，湖南大学设计研究院的规划设计师们先后在十八洞村跟踪服务三年，总结了一套精准规划设计助力乡村发展的经验与模式。

纷至沓来的荣誉是对湖大设计人的褒奖，十八洞村的未来梦想，也是湖大设计人的梦想，他们继续做十八洞的寻梦人和造梦者。

在十八洞村，脱贫攻坚已经取得了全面胜利，乡村振兴才刚刚吹响进攻的号角。在乡村振兴的路上，规划设计师们与十八洞村的村民一起全力冲刺，升级驻村工作坊，建设十八洞村传统村落博物馆，打造苗家主题文创产品，优化民居设计方案，继续完善村里的设施与配套……随着一桩桩具体工作的开展，十八洞村的规划蓝图正逐渐实现。这群年轻的规划设计师们将伴随着十八洞村的蝶变而不断成长，他们将用手中的画笔，描绘出中国乡村最精彩的未来。

执笔人：范利萍　罗　敏　张邓丽舜

"小张家界"（摄影：屈远）